Saichania

Olorotitan

Triceratops

Stygimoloch

Pachycephalosaurus

Microraptor

Mononykus

Nodosaurus

Sinosauropteryx

Tatisaurus

Protoceratops

Tyrannosaurus

Stegoceras

Triceratops

Stegoceras

Dromaeosaurus

Stygimoloch

Tatisaurus

Mononykus

Stegosaurus

Sinosauropteryx

Tyrannosaurus

Achelousaurus

Mamenchisaurus

Centrosaurus

Dromaeosaurus

Pachycephalosaurus

Achelousaurus

Microraptor

Huayangosaurus

Therizinosaurus

Tyrannosa

Wuerhosaurus

Triceratops

Centrosaurus

Spinosaurus

Wuerhosaurus

Sinosauropteryx

Tyrannosaurus

Szechuanosaurus

egosaurus

Tianyulong

Mamenchisaurus

Centrosaurus

Wuerhosaurus

Microraptor

Dromaeosaurus

Iiragaia

Spinosaurus

Huayangosaurus

Wuerhosaurus

Saichania

Tyrannosaurus

Stygimoloch

Centrosaurus

Szechuanosaurus

Triceratops

Therizinosaurus

Olorotitan

Tianyulong

Microraptor

Mononykus

Nodosaurus

Sinosauropteryx

Miragaia

Tyrannosaurus

Protoceratops

Stegoceras

Tatisaurus

Dromaeosaurus

Stegoceras

Stygimoloch

Tatisaurus

Mononykus

Sinosauropteryx

Tyrannosaurus

Szechuanosaurus

egosaurus

Tianyulong

Centrosaurus

Mamenchisaurus

Wuerhosaurus

Miragaia

Microraptor

Dromaeosaurus

Spinosaurus

Wuerhosaurus

Huayangosaurus

Saichania

Tyrannosaurus

Stygimoloch

Centrosaurus

Szechuanosaurus

Triceratops

Therizinosaurus

Olorotitan

Tianyulong

Microraptor

Mononykus

Nodosaurus

Sinosauropteryx

Tyrannosaurus

Miragaia

Protoceratops

Stegoceras

Tatisaurus

Stegoceras

Dromaeosaurus

Stygimoloch

Tatisaurus

Mononykus

献给：

正在被青春期困惑的男生女生

希望你们能通过书中的恐龙故事，心领神会一些不便言说的秘密

杨杨和赵闯的恐龙物语

战争没有胜利者

杨杨／文　赵闯／绘
啄木鸟科学艺术小组作品

吉林出版集团有限责任公司 | 全国百佳图书出版单位

国际著名古生物学家
美国自然历史博物馆古生物部主任
啄木鸟科学艺术小组英文出版项目审稿人
马克 · 诺瑞尔博士为赵闯和杨杨系列作品所做的推荐序

（译文）

　　我是一个古生物学家，在可能是世界上最好的博物馆里工作。不管是在蒙古科考挖掘，还是在中国学习交流，或只是在纽约研究相关数据，我的生活中总是充满了各种恐龙的骨头。恐龙已经不仅仅是我的兴趣，而是我生命的一部分，在这个地球的每一个角落陪伴着我一起学习、一起演讲、一起传授知识。

　　许多科学家，都在一个封闭的环境中工作。复杂的数学公式，难以理解的分子生物化学，还有那些应用于繁复理论的数据……这是一个无论科学家们多努力也无法让普通人理解的工作环境，加上大多数科学家缺乏与公众交流的本领，无法让他们的研究成果以一种有趣而平易近人的方式表达出来，久而久之，人们开始产生距离感，进而觉得科学无聊乏味。恐龙却是一个特例：不管什么年龄层的人都喜欢恐龙，这就让恐龙成为大众科普教育的一个绝佳题材。

　　这就是为什么赵闯和杨杨的工作如此重要。他们两位极具天赋、充满智慧，但他们并没有去做职业科学家。他们运用艺术和文字作为传递的媒介，把恐龙的科学知识普及给世界上的所有人——孩子，父母，祖父母，甚至其他科学领域的科学家们！

　　赵闯的绘画、雕塑、素描以及电影在体现恐龙这种奇妙生物上已经达到了极高的艺术境界，他与古生物学家保持着紧密的联系，并基于最新的古生物科学报告以及论文进行创作。杨杨的文字已经超越了单纯的科普描述，她将幽默的故事交织于科普知识中，让其表现的主题生动而灵活，尤其适合小读者们进行自主阅读，发掘其中有趣的科学秘密。基于孩子们对恐龙这种生物的热爱，其他重要的科学概念，包括地理、生物、进化学都可以被快乐地学习。

　　赵闯和杨杨是世界一流的科学艺术家，能与他们一起工作是我的荣幸。

推荐序原文

I am a paleontologist at one of the world's great museums. I get to spend my days surrounded by dinosaur bones. Whether it is in Mongolia excavating, in China studying, in New York analyzing data or anywhere on the planet writing, teaching or lecturing, dinosaurs are not only my interest, but my livelihood.

Most scientists, even the most brilliant ones, work in very closed societies. A system which, no matter how hard they try, is still unapproachable to average people. Maybe it's due to the complexities of mathematics, difficulties in understanding molecular biochemistry, or reconciling complex theory with actual data. No matter what, this behavior fosters boredom and disengagement. Personality comes in as well and most scientists lack the communication skills necessary to make their efforts interesting and approachable. People are left being intimidated by science. But dinosaurs are special- people of all ages love them. So dinosaurs foster a great opportunity to teach science to everyone by taping into something everyone is interested in.

That's why Yang Yang and Zhao Chuang are so important. Both are extraordinarily talented, very smart, but neither are scientists. Instead they use art and words as a medium to introduce dinosaur science to everyone from small children to grandparents- and even to scientists working in other fields!

Zhao Chuang's paintings, sculptures, drawings and films are state of the art representations of how these fantastic animals looked and behaved. They are drawn from the latest discoveries and his close collaboration with leading paleontologists. Yang Yang's writing is more than mere description. Instead she weaves stories through the narrative, or makes the descriptions engaging and humorous. The subjects are so approachable that her stories can be read to small children, and young readers can discover these animals and explore science on their own. Through our fascination with dinosaurs, important concepts of geology, biology and evolution are learned in a fun way. Zhao Chuang and Yang Yang are the world's best and it is an honor to work with them.

请相信我，暴力解决不了任何问题

——致读者朋友

蒋城同学：

你好！

真希望我给你写信的时候，你已经放弃了那个可怕的想法。任何一种暴力都不可能让你在同学中树立真正的威信，相反，他会让你变得毫无尊严，让所有的同学都远离你。当你长大，有了自己的孩子，他央求着你讲一讲你的学校生活时，你会为曾经拥有那样一段时光而羞愧。幸好，这一切都还没有开始。

我不知道你这样的想法是从哪里来的，黑帮电影？或者暴力文学？可不管是什么，你有没有注意到，那些利用自己手中的武力欺凌别人的家伙，不会永远都在战争中占据上风，总有一天，他们会遇到更厉害的对手，从欺凌者变成被欺凌者，而那个更厉害的对手也会遇到同样的状况。战争永远没有胜利者。

用斗争来解决问题几乎只存在于动物之间，人类文明的发展，给人们提供了更好的解决问题的方法，比如协商制度。但即便是在动物中，暴力最终也没有给它们带来什么好处，关于这一点，我可以给你举出很多例子。

在大约1亿5000万年前的今天的北美洲，生活着一种体长26米、高5米的恐龙——腕龙，因为身高优势，它能吃到很多其他恐龙都够不到的树顶上的叶子。腕龙一定以为自己拥有了征服世界的武器，它对一切都不畏惧，常常利用自己的优势欺负那些矮小的恐龙。它曾经在自己挑起的无数次的战斗中获得胜利，这让它更加沾沾自喜。可"好景"并没有维持多长时间，它便成了一只可怕的肉食恐龙——异特龙的腹中美食。

再比如1亿4500万年前的今天的英格兰，那里生活着一种后肢上长有锋利的、像镰刀一样的大爪子的恐龙，名叫似驰龙。

它们是当地有名的猎手，不仅拥有可以刺穿猎物鳞甲的可怕的武器，而且奔跑迅速。它们喜欢主动出击，让猎物措手不及。可就是这样厉害的角色，却能被一种素食恐龙——弯龙杀死，而弯龙凭借的武器只是比对手更多的数量。

之所以给你举这么多恐龙的例子，一个当然是因为我这些年一直在写关于恐龙的故事，对它们很了解，另一个是因为恐龙是迄今为止地球上出现过的最厉害的动物之一，即便是它们都无法保证在每一场战争中都以胜利者的姿态出现，更何况是像你我这样弱小的个体。

练习武术能够强健你的身体，是一项非常好的运动，但一定不是你用来欺负同学的筹码，而你肯定也不会因为拥有欺负同学的"盛名"而成为学校的"领袖"。你所说的那些学校里特别厉害的角色，他们凭借武力"征服"了同学，可你只要认真地问一问自己的心就明白，他们真的是像领袖一样征服了同学们吗？同学们是在想尽一切方法远离他们呢，还是拥护他们？同学们对他们充满了敬佩还是憎恶？他们这样的"领袖"，为自己、为别人带来了哪怕一丁点的好处吗？

只要想想这些，你就能够辨别自己的想法是对是错。从你的信中我看得出你内心里痛恨他们的行为，或许你只是一时的软弱或者无助，才会产生要效仿他们的想法。但是我告诉你，真正的充满智慧的人，是绝不会用暴力去解决问题的，否则我们和自然界中的动物又有什么区别。你可以凭借很多东西成为学校的领袖，优异的成绩，特别的才华，优秀的社团活动组织者……但却没有暴力这种东西，而我相信，只要你肯努力，做到这些并不难。

给你寄这封信的同时，我会把很多关于恐龙战争的故事寄给你，愿这些充满血腥的故事让你、以及和你一样产生过这样念头的同学们，远离暴力，让自己有尊严地活着。

杨杨

2015 年 3 月 北京

目录

本书涉及主要古生物化石产地分布示意图

参考资料：世界地图
编绘机构：PNSO 啄木鸟科学艺术小组

地图分布区域色彩

 亚 洲

 欧 洲

北美洲

南美洲

非 洲

大洋洲

化石产地区域

西欧海域

36 沧龙
Mosasaurus Mantell, 1829

欧洲，丹麦，博恩霍尔姆

31 似驰龙
Dromaeosauroides Christiansen et Bonde, 2003

欧 洲

36

31

38

亚 洲

64

49

76

24

非 洲

42

大洋洲

69

6

39

非洲

42 似鳄龙
Suchomimus Sereno et al., 1998

亚洲东部，中国，贵州

24 黔鱼龙
Qianichthyosaurus Li, 1999

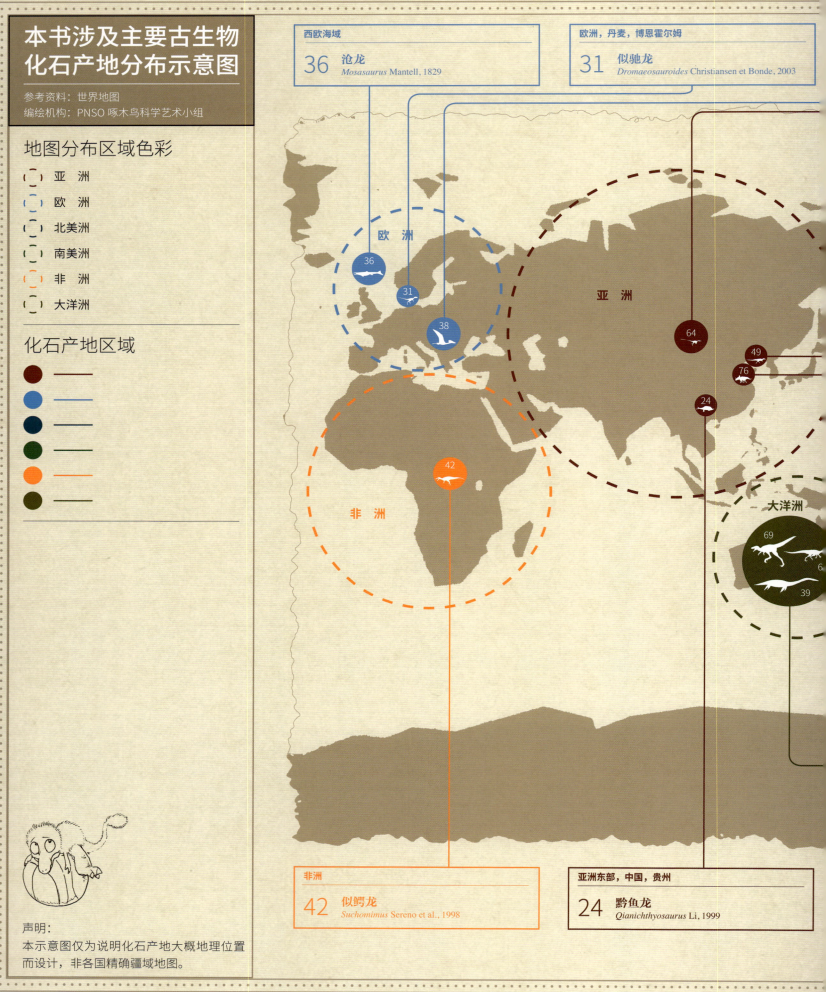

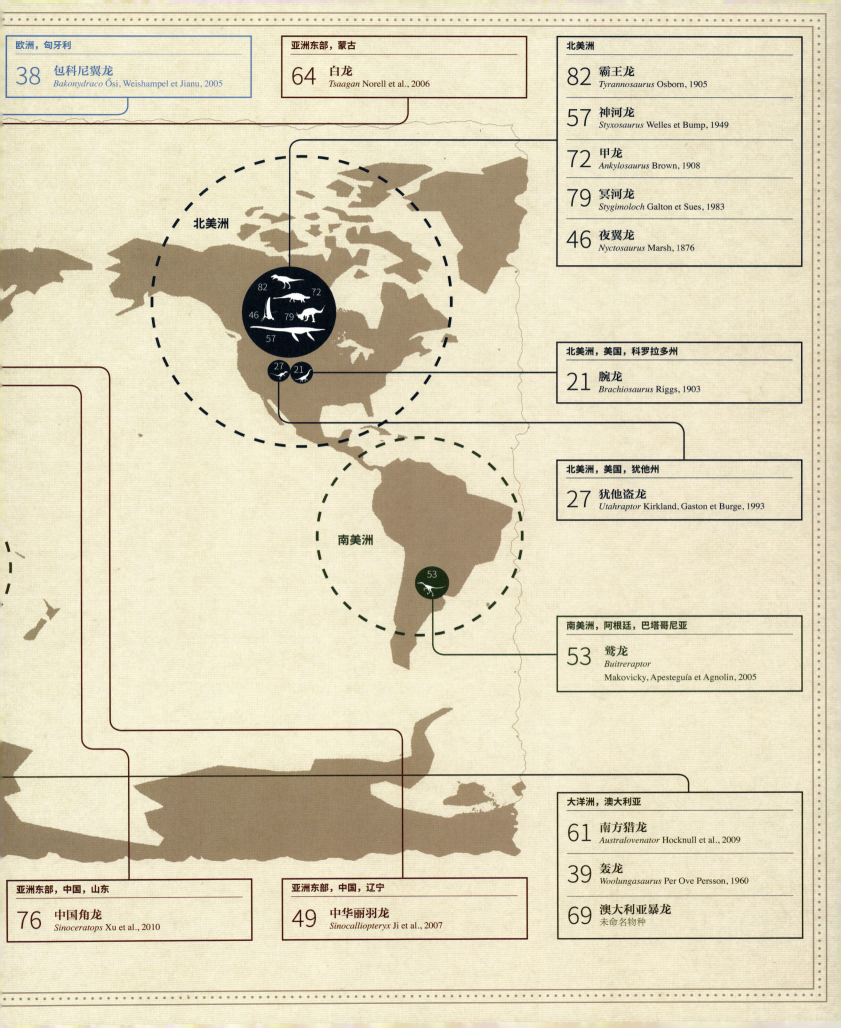

欧洲，匈牙利

38 包科尼翼龙
Bakonydraco Ősi, Weishampel et Jianu, 2005

亚洲东部，蒙古

64 白龙
Tsaagan Norell et al., 2006

北美洲

82 霸王龙
Tyrannosaurus Osborn, 1905

57 神河龙
Styxosaurus Welles et Bump, 1949

72 甲龙
Ankylosaurus Brown, 1908

79 冥河龙
Stygimoloch Galton et Sues, 1983

46 夜翼龙
Nyctosaurus Marsh, 1876

北美洲

北美洲，美国，科罗拉多州

21 腕龙
Brachiosaurus Riggs, 1903

北美洲，美国，犹他州

27 犹他盗龙
Utahraptor Kirkland, Gaston et Burge, 1993

南美洲

南美洲，阿根廷，巴塔哥尼亚

53 鹫龙
Buitreraptor
Makovicky, Apesteguía et Agnolin, 2005

大洋洲，澳大利亚

61 南方猎龙
Australovenator Hocknull et al., 2009

39 轰龙
Woolungasaurus Per Ove Persson, 1960

69 澳大利亚暴龙
未命名物种

亚洲东部，中国，山东

76 中国角龙
Sinoceratops Xu et al., 2010

亚洲东部，中国，辽宁

49 中华丽羽龙
Sinocalliopteryx Ji et al., 2007

中生代地质年代

- 早三叠世
- 中三叠世
- 晚三叠世
- 早侏罗世
- 中侏罗世
- 晚侏罗世
- 早白垩世
- 晚白垩世

晚白垩世

沧龙
Mosasaurus Mantell, 1829
距今 7500 万年至 6600 万年

早白垩世

南方猎龙
Australovenator Hocknull et al., 2009
距今 1 亿 600 万年至 1 亿年

澳大利亚暴龙
未命名物种
距今 1 亿 1200 万年

早白垩世

轰龙
Woolungasaurus Per Ove Persson, 1960

似驰龙
Dromaeosauroides Christiansen et Bonde, 2003
距今 1 亿 4500 万年至 1 亿 4000 万年

晚三叠世

黔鱼龙
Qianichthyosaurus Li, 1999
距今 2 亿 2700 万年至 2 亿 2000 万年

晚侏罗世

腕龙
Brachiosaurus Riggs, 1903
距今约 1 亿 5400 万年至 1 亿 5300 万年

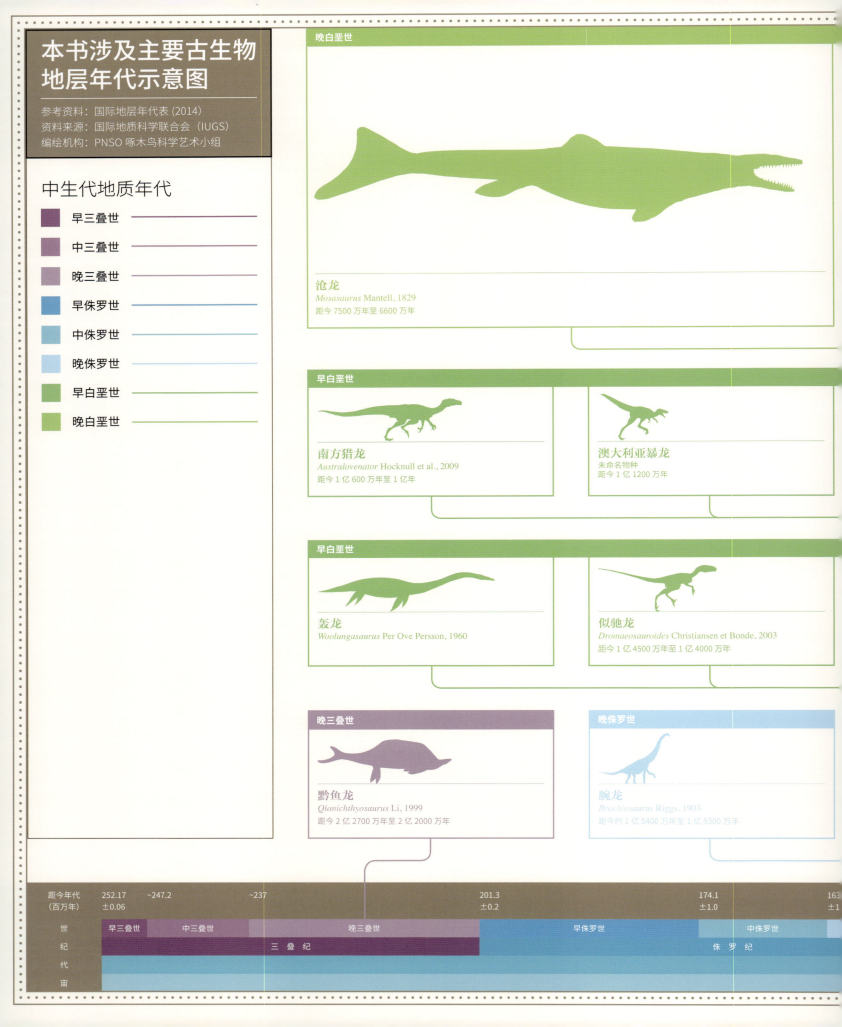

距今年代 （百万年）	252.17 ±0.06	~247.2	~237		201.3 ±0.2	174.1 ±1.0	163 ±1
世	早三叠世	中三叠世		晚三叠世	早侏罗世	中侏罗世	
纪			三叠纪			侏罗纪	
代 宙							

神河龙
Styxosaurus Welles et Bump, 1949
距今 8500 万年

夜翼龙
Nyctosaurus Marsh, 1876
距今 8800 万年至 8000 万年

中国角龙
Sinoceratops Xu et al., 2010
距今 7200 万年至 6600 万年

晚白垩世

白龙
Tsaagan Norell et al., 2006
距今 8000 万年

包科尼翼龙
Bakonydraco Ősi, Weishampel et Jianu, 2005
距今 8500 万年至 8300 万年

霸王龙
Tyrannosaurus Osborn, 1905
距今约 6800 万年至 6600 万年

中华丽羽龙
Sinocalliopteryx Ji et al., 2007
距今约 1 亿 2460 万年

似鳄龙
Suchomimus Sereno et al., 1998
距今 1 亿 2100 万年至 1 亿 1300 万年

晚白垩世

冥河龙
Stygimoloch Galton et Sues, 1983
距今 6700 万年至 6600 万年

犹他盗龙
Utahraptor Kirkland, Gaston et Burge, 1993
距今约 1 亿 2700 万年至 1 亿 2500 万年

晚白垩世

甲龙
Ankylosaurus Brown, 1908
距今 6850 万年至 6600 万年

晚白垩世

鹫龙
Buitreraptor Makovicky, Apesteguía et Agnolin, 2005
距今 9400 万年至 9000 万年

| ~145.0 | 100.5 | 66.0 |

| 晚侏罗世 | 早白垩世 | 晚白垩世 |

白 垩 纪

中 生 代

显 生 宙

神河龙
Styxosaurus Welles et Bump, 1949
距今 8500 万年

夜翼龙
Nyctosaurus Marsh, 1876
距今 8800 万年至 8000 万年

中国角龙
Sinoceratops Xu et al., 2010
距今 7200 万年至 6600 万年

晚白垩世

白龙
Tsaagan Norell et al., 2006
距今 8000 万年

包科尼翼龙
Bakonydraco Ösi, Weishampel et Jianu, 2005
距今 8500 万年至 8300 万年

霸王龙
Tyrannosaurus Osborn, 1905
距今约 6800 万年至 6600 万年

中华丽羽龙
Sinocalliopteryx Ji et al., 2007
距今约 1 亿 2460 万年

似鳄龙
Suchomimus Sereno et al., 1998
距今 1 亿 2100 万年至 1 亿 1300 万年

晚白垩世

冥河龙
Stygimoloch Galton et Sues, 1983
距今 6700 万年至 6600 万年

犹他盗龙
Utahraptor Kirkland, Gaston et Burge, 1993
距今约 1 亿 2700 万年至 1 亿 2500 万年

晚白垩世

甲龙
Ankylosaurus Brown, 1908
距今 6850 万年至 6600 万年

晚白垩世

鹫龙
Buitreraptor Makovicky, Apesteguía et Agnolin, 2005
距今 9400 万年至 9000 万年

~145.0		100.5		66.0

免侏罗世	早白垩世		晚白垩世

白垩纪

中生代

显生宙

神河龙
Styxosaurus Welles et Bump, 1949
距今 8500 万年

夜翼龙
Nyctosaurus Marsh, 1876
距今 8800 万年至 8000 万年

中国角龙
Sinoceratops Xu et al., 2010
距今 7200 万年至 6600 万年

晚白垩世

白龙
Tsaagan Norell et al., 2006
距今 8000 万年

包科尼翼龙
Bakonydraco Ósi, Weishampel et Jianu, 2005
距今 8500 万年至 8300 万年

霸王龙
Tyrannosaurus Osborn, 1905
距今约 6800 万年至 6600 万年

中华丽羽龙
Sinocalliopteryx Ji et al., 2007
距今约 1 亿 2460 万年

似鳄龙
Suchomimus Sereno et al., 1998
距今 1 亿 2100 万年至 1 亿 1300 万年

晚白垩世

冥河龙
Stygimoloch Galton et Sues, 1983
距今 6700 万年至 6600 万年

犹他盗龙
Utahraptor Kirkland, Gaston et Burge, 1993
距今约 1 亿 2700 万年至 1 亿 2500 万年

晚白垩世

甲龙
Ankylosaurus Brown, 1908
距今 6850 万年至 6600 万年

晚白垩世

鹫龙
Buitreraptor Makovicky, Apesteguía et Agnolin, 2005
距今 9400 万年至 9000 万年

| ~145.0 | 100.5 | 66.0 |

| 晚侏罗世 | 早白垩世 | 晚白垩世 |
| 白垩纪 |
| 中生代 |
| 显生宙 |

自大的腕龙菲尔塔

　　腕龙菲尔塔并不知道，当自己身处优越的环境时，也不要摆出不可一世的姿态，因为在残酷的生存环境下，谁都无法预料这样的境况能维持多久。而有一点却是肯定的，危险常常就在自己最得意和最不经意的时候出现。而那时，你往往要为一时的自大付出惨重的代价，有时这代价甚至是生命！

　　1 亿 5400 万年前，今天的北美洲。

　　"妮娜，瞧瞧，我够到了！"

　　腕龙菲尔塔只是稍稍向上抬了抬脖子，便用平直而锋利的牙齿，轻松地将那片随风飘摇的叶子放到了嘴巴里。这全都仰仗菲尔塔的那条长脖子，可以让他轻松地够到 12 米高的树枝。现在，他正对着同伴妮娜骄傲地炫耀。

　　"哦，说实话，这简直难以想象！"

　　还没等妮娜开口，一个低沉的声音从对面传来，说话的是德高望重的剑龙德里克。尽管他的背上有着夸张的骨板，尾巴上还有四根令人不寒而栗的骨刺，但他的谦和却远近闻名。

　　在这个距今 1 亿 5400 万年的时代里，恐龙已经在三叠纪大灭绝后的百废待兴中成功地建立了自己的家园。无论是在数量还是规模上，他们都已然成为世界的主宰者。也正因为如此，德里克才会更加谨慎，因为他知道现实的世界是多么残酷。

　　然而，初谙世事的菲尔塔显然还不明白这个道理。

　　"我说，你懂什么！你只有那么高，就……就比那丛小树高不了多

少。你呼吸过高处的空气吗？你知道树顶上的叶子有多么美味吗？你知道这里的风里会留有阳光的温度吗？"菲尔塔边说边刻意地抬了抬脑袋，然后故作满足地闭上了眼睛，他完全不把年迈的德里克放在眼里。

"菲尔塔，请别这样。德里克是长辈，他曾经打败过异特龙，那可是远近闻名的一战！"妮娜提醒菲尔塔，她可不想看到自己的朋友如此自大，这样会让她很没面子。

可是，菲尔塔并没有一丁点的收敛。他用鼻子重重地"哼"了一声，不屑地把脸扭向一边。菲尔塔早已习惯了这样的生活，习惯了目中无人地看待周围的一切，因为在这里没有谁比他更高大。

德里克多想告诉这个鼻子朝天的菲尔塔，世界上从来都没有绝对的事情。菲尔塔虽然能够到树顶的叶子，却未必能躲得过低处的袭击。在复杂的生活中，谦虚一点是不会有坏处的。这样就能有足够的时间，看到危险在哪里。但是德里克知道，此时的菲尔塔是听不进这些的。有时候，别人的忠告就会这样，显得苍白无力。只有亲身经历过挫折，才会知道那些经验的价值！

德里克有些无奈地摇摇头走开了，菲尔塔看着他远去的背影做了一个鬼脸。他可不喜欢这些个"老古董"。

菲尔塔正想庆祝一下，与德里克的这场较量自己以大比分获胜。可就在这时，从不远处一棵高大的乔木后面，发出了一声震耳欲聋的嘶吼。紧接着，一只可怕的异特龙露出了张着血盆大口的脑袋，这次，他的目标不再是剑龙德里克，而是这只单纯而自大的腕龙菲尔塔……

菲尔塔家族档案

学名：*Brachiosaurus*
中文名称：腕龙
种类：蜥脚类
体型：体长 26 米，高 5 米，体重 25~45 吨
食性：植食
生存年代：晚侏罗世，距今 1 亿 5400 万年至 1 亿 5300 万年
化石产地：北美洲，美国，科罗拉多州

大 眼 睛 猎 手 肖 恩

美丽的大海并不总是上演温情的故事，残酷的杀戮也会像病毒一样，在这张温床上滋生。

2 亿 2000 万年前，今天的中国贵州。

一段干枯的树干重重地跌落在海面上，水下升腾起了一串串气泡。不过，这并没有给那条小鱼带来多少好运，因为这些气泡只咕嘟嘟地冒了一下，便消失了。海水很快就重新恢复了平静，小鱼想在混乱中逃跑的计划完全失败了！

现在，有着超大眼睛的黔鱼龙肖恩就在那条小鱼身后。肖恩可是海里有名的主儿，这都要归功于他的一双眼睛。这是一双在所有动物中比例最大的眼睛，甚至超过了以眼大而闻名的大眼鱼龙，这双探照灯一样的大眼睛让肖恩能在漆黑的深水中依然看得清一切，包括这条小鱼。

肖恩不会介意自己的食物有多大，问题的关键在于有没有食物。有时候，肖恩也把这种捕食的过程作为自己的游戏，要知道，在黑暗的深海，生活有时候也会很无聊。

就在刚才，肖恩发现了这条可爱的小鱼，实际上，他看上去并没有什么特别的，如果放在平时，肖恩或许会放了这个小家伙。只是，这次很不凑巧，小鱼有些奇怪的表情吸引了肖恩，肖恩决定把这个可爱的小家伙吞到自己的肚子里。就是这样，当你看到喜欢的东西时，总想把它据为己有。

事实上，小鱼当时是在看一块美丽的礁石，那是一块形状特别奇

26

特的礁石，小鱼在海里生活了这么长时间还从来没有见过。他睁着亮亮的眼睛，好奇地上下打量着礁石，就在这时，他身边的海水开始剧烈地晃荡起来，经验告诉他，一定正有一条可怕的家伙在他附近。

小鱼毫不犹豫，向不远处的菊石群游了过去。在这个时候闯入别人的领地是个非常聪明的选择，因为这样可以分散对方的注意力，自己好借机逃生。

然而，接下来的两件事却出乎小鱼的意料。

第一，追捕他的那个大家伙远比他估计的要大得多；第二，那个大家伙居然成功地穿过了菊石群，一路向自己追来。

肖恩和小鱼玩起了猫捉老鼠的游戏，可是，肖恩的耐心是有限的，他玩够了，他觉得累了。

肖恩张开了巨大的嘴巴，而小鱼就在肖恩嘴巴边上。只要肖恩的上下颌做一个轻轻地咬合动作，小鱼便会滑到肖恩的肚子里。

看来这次，小鱼再也无法逃避自己的命运了……

刚刚还对世界充满好奇的小鱼瞬间就要变成了黔鱼龙的食物，这样的变化真是让我们有些难以接受。可这就是生存，如果不想被吃掉，只拥有对世界的热情是不够的，最重要的是要把自己变得强大起来。

肖恩家族档案

学　名：*Qianichthyosaurus*
中文名称：黔鱼龙
种类：鱼龙类
体型：体长 1.5~2.5 米
食性：鱼类等
生存年代：晚三叠世，距今 2 亿 2700 万年至 2 亿 2000 万年
化石产地：亚洲东部，中国，贵州

犹他盗龙迈克尔的噩梦

对于强者，斗争有时候并不只是谋生的手段，而是理想的释放。

1 亿 2600 万年前，今天的美国犹他州腹地。

因为一只偶然掉落在地面的翼龙，犹他盗龙迈克尔幸运地饱食了三天。直到今天早晨，他才把最后一块肉吞到自己的肚子里。

不用捕猎就有食物自动送上门的日子真是太幸福了，迈克尔打着饱嗝，懒懒的，一动都不想动。他还在幻想着会有什么家伙能主动成为自己的美餐，可这种好事在迈克尔的一生中也才发生过这一次。

头顶的太阳温暖而不毒辣，迈克尔趴在一块岩石上渐渐睡着了！

睡梦中，他梦到自己成了食物王国的国王。

这真是一个神奇的王国，所有臣民的存在都是为了让国王有更加美味的食物。

迈克尔威风凛凛，他披着用臣民的皮毛做成的披风，坐在国王的王位上，端着一只精致的杯子，杯中盛满了臣民贡奉的甘甜的泉水。

"国王，请您挑选今天的午餐吧！"

在富丽堂皇的大殿内，整整齐齐站着 72 个臣民，他们都是大臣们精挑细选出来的。

迈克尔得意洋洋地开始为自己选择午餐……

在食物王国里的日子简直就是迈克尔一生都梦寐以求的生活，没有战争，没有饥饿，只有源源不断的新鲜的食物。

迈克尔连做梦都在笑，他每天就吃呀，吃呀，不停地吃。

在迈克尔的记忆中，他成为食物王国的国王后不久，就吃成了一只肥胖的恐龙。

这可不是开玩笑，迈克尔实在是太胖了，一旦躺下，得需要10个大臣才能把他扶起来。他不得不整日端坐在国王的椅子上，可日子久了，他肥胖的身体竟然完全被卡在椅子里了，一动也不能动。迈克尔吓坏了！

"不，我要去捕猎，我不要坐在这里吃这些东西了……"迈克尔大叫着。

迈克尔被自己的尖叫声惊醒了，他惊慌失措地看着自己的身体，还是原来的样子，并没有变胖。他仍然趴在岩石上，周围也没有什么富丽堂皇的宫殿。

一切都是原来的样子，只是天空中的太阳已经西斜，黄昏来了！

天哪，难道那只是一个噩梦？

迈克尔仔细回忆着，他并不知道梦里怎么会出现那么多神奇的东西，食物王国，华丽的床，喝水的杯子……迈克尔根本不知道那些是什么！

迈克尔有些害怕地从岩石上站了起来，卖力地活动着自己的身体，每一个零件都依旧强壮有力。

自由的感觉让迈克尔觉得无比畅快！

迈克尔突然发现，曾经认为枯燥而艰难的捕食，现在却充满了诱惑。

或许，猎杀对于迈克尔来说不应该是纯粹的谋生手段，更应该说是理想的释放。在猎杀的过程中，迈克尔爆发出前所未有的生命力，敌人的惧怕和同伴的羡慕都会给他带来无限的满足与成就感，这是其他任何事情都不能给予的。

迈克尔完全忘记了食物送上门的快感，现在，他唯一想做的就是投入到捕猎的战斗中去！

迈克尔平静下来，一边在岩石上挪动身体，一边仔细地观察周围。

突然间，他停了下来，刚刚抬起的左脚又轻轻地放下。

迈克尔伸直了脖子，以确认目标。没错，远处稀疏的松木间的确有一小群动物在移动，那是属于鸭嘴龙超科的雪松山龙。

雪松山龙悠闲地走在岩石和沙土之间，根本没有发现近在咫尺的危险。他们四肢着地，粗大的尾巴高高地翘在空中，随着身体的运动晃来晃去。

雪松山龙暗黄色的皮肤上生有绿色的条纹和色块，这种颜色在平原地区具有很好的伪装效果。不过，迈克尔已经发现了那群雪松山龙，并且，盯上了远离队伍的那一只。

迈克尔并没有张开大嘴猛冲过去，他压低身子，慢慢地绕到了雪松山龙的身后。迈克尔并不是一个躁动分子，采取聪明的战术才是他一贯的作风。

现在，干燥的平原上没有什么风，因此迈克尔不用考虑风向的问题，他借助地形和树木的掩护接近猎物，悄无声息。20 分钟后，迈克尔与雪松山龙之间的距离缩短到了 15 米，已经没有什么东西可以为迈克尔的进一步靠近提供掩护了。于是，迈克尔准备发起攻击。他将重心前移，脑袋压低到与肩部平行，后腿弯曲，肌肉紧绷。

只听"嘣"的一声，迈克尔就像是一支离弦的箭，奔向他的猎物——那只远离队伍的雪松山龙。

袭击突如其来，那只雪松山龙刚刚反应过来，迈克尔已经冲到了面前。雪松山龙大叫着想要逃跑，但是高高跃起的迈克尔已经将脚上长达 40 厘米的镰刀状第 II 趾深深地刺入猎物的胸腔。

迈克尔看着到手的猎物露出了笑容，他好像很久都没有感受到这种快乐了！

躺在地上的雪松山龙正在痛苦地挣扎，大量的鲜血从他的胸部喷溅而出，染红了身下的大地……

迈克尔家族档案
学名：*Utahraptor*
中文名称：犹他盗龙
种类：驰龙类
体型：体长 5~7 米，高 2 米，重约 500 千克
食性：肉食
生存年代：早白垩世，距今约 1 亿 2700 万年至 1 亿 2500 万年
化石产地：北美洲，美国，犹他州

似驰龙鲍尔森的最后一战

对于任何一只恐龙，每场战斗都有可能是生命中的最后一场。死亡和生存同样近在咫尺，这是残酷的生活赐予他们的"礼物"！于是，他们每时每刻都必须处于高度的紧张之中。

当然，在备战的同时，成年恐龙还不能忘记一件更加重要的事情——尽快教会自己的孩子掌握战斗的本领。否则，当最后一战真的来临时，他们失去的不仅仅是自己，还有家族的后代！

1 亿 4500 万年前，今天的英格兰。

可怜的小似驰龙丹尼尔泪水涟涟地躺在父亲鲍尔森的怀里，周围弥漫着一股浓重的血腥味，这似乎预示着什么。

鲍尔森沉重地喘息着，肚子上一个裂开的口子随着他的呼吸一张一合，鲜血不断地向外冒出，一直流到了丹尼尔的脸上。鲍尔森想用自己的爪子盖到这个口子上，可是爪子举到了半空，便再也没有力气弯下来。

丹尼尔害怕地看着这一切，他还很小，刚刚那么激烈的场面，他以前完全没有经历过。

丹尼尔没想到会是这样，原本这是个美好的下午，鲍尔森和两个同伴带着丹尼尔出门捕猎，他们已经锁定弯龙为猎物，那是一只吃植物的恐龙。虽然弯龙的体积几乎是似驰龙的 3 倍，但是在通常情况下，略带笨拙的弯龙并不是很强大。

今天，他们的运气似乎不错，还没走多远，便看见一只弯龙远远地朝他们走来。并且，那只弯龙正被空气中弥漫的新鲜树叶的味道所吸引，根本没有发现鲍尔森他们的存在。

鲍尔森兴奋极了，他给丹尼尔使了个眼色，示意丹尼尔躲在不远处那棵高

大的松树后面。鲍尔森总是认为丹尼尔还小，这样的捕猎行动只能由成年的似驰龙来完成。

鲍尔森和其他两只似驰龙没有和弯龙碰面，他们并不喜欢这样简单的对决。他们把自己隐藏在了附近的树丛中，等待这只弯龙走过树丛的时候，从后面扑上去，给他突然一击。

不出鲍尔森所料，这只弯龙按照鲍尔森预计的路线走过来。鲍尔森抓住机会，悄无声息地从树丛中钻了出来，然后猛地一下朝弯龙扑了过去。

其他两只似驰龙也紧随其后，将弯龙包围起来。

弯龙被这突然出现的包围吓了一跳，不过，他很快就镇静下来。毕竟他也不是一个生手，在丛林中生活了这么多年，他有着丰富的战斗经验。面对眼前这三只凶猛的肉食性恐龙，他知道自己唯一能做的就是毫不畏惧、顽强抵抗，这是他逃脱险境的最好办法。

想到这儿，弯龙鼓足勇气准备开始战斗。

这真出乎鲍尔森他们的意料了，因为面前的这只弯龙实在是太反常了，它出奇地英勇善战。

鲍尔森有些走神了，他满脑子都在想这只弯龙为什么和平时不一样，而弯龙竟然看出了鲍尔森犹豫的心情。于是，他趁鲍尔森向上跃起的时候，用他圆锥形的大拇指冲着鲍尔森的肚子狠狠地扎了下去。注意力分散的鲍尔森完全没想到弯龙会使出这样的招数。突如其来的疼痛让鲍尔森发出撕心裂肺的叫声，他下意识地低头想去看自己的肚子。

而这时候，弯龙又抓住一个机会，甩动起自己粗壮而有力的尾巴。这次，他不仅打散了另外两只似驰龙组成的包围圈，而且径直扫到了鲍尔森的脸上。

一声巨响带着一股劲风，鲍尔森的嘴巴里顿时充满了血腥味。他猛然张开大嘴，将嘴巴里的血吐了出来，一颗牙齿随着鲜血掉在了泥沼里。鲍尔森根本来不及判断自己哪个环节出了问题，他只觉得眼前一片模糊。

鲍尔森艰难地转过身去，他隐约看到丹尼尔从树丛中冲了出来，朝他的方向跑来。他本能地把丹尼尔紧紧地护在自己的身下……

获胜的弯龙也已经筋疲力尽，他快速离开了现场。拖延的时间越长，情况就越有可能发生逆转，他当然知道这一点。

而鲍尔森只能无奈地看着弯龙远去的背影，他知道，自己恐怕支撑不了多久了。

鲍尔森并不害怕死亡，他只是放心不下丹尼尔。

鲍尔森觉得自己并没有尽到做父亲的责任，他太爱丹尼尔了，就是因为这样，他处处想保护丹尼尔。

虽然鲍尔森知道丹尼尔拥有健壮的身体、锋利的杀戮工具——那个长在脚上的镰刀状的脚趾，可是鲍尔森从来不让丹尼尔独自去捕食，到现在丹尼尔甚至没有一次实战经验。

可现在，鲍尔森走到了自己生命的最后一刻，他再也没有办法保护丹尼尔了。那么，丹尼尔能应对接下来的生活吗？

鲍尔森充满了担心，但是他现在已经无能为力了！鲍尔森就这样让丹尼尔躺在自己的怀里，在最后的时光中，鲍尔森能做的只有把自己最后的爱和勇气传递给丹尼尔。

鲍尔森想，只要拥有这份爱和勇气，丹尼尔会勇敢地面对接下来的生活。

鲍尔森家族档案

学名：*Dromaeosauroides*
中文名称：似驰龙
种类：驰龙类
体型：体长 2.5~3 米，高 1 米，体重约 50 千克
食性：肉食
生存年代：早白垩世，距今 1 亿 4500 万年至 1 亿 4000 万年
化石产地：欧洲，丹麦，博恩霍尔姆

沧龙罗恩毫无悬念的战斗

当恐龙以压倒性的优势统治着整个陆地时，在海洋中还繁衍生息着一种可怕的掠食者——沧龙。如果他们活到现在，那么海洋中恐怕不会再有鲸、鲨鱼、海豹、海狮这些看起来凶猛异常的海生动物，因为沧龙会把他们都赶尽杀绝的。

不过，这个海洋头号霸王在最初的时候并不是这样的。那时候的他们还是陆地上一种不起眼的蜥蜴，只有 90 厘米长。而在短短的数百万年间，他们就从一只小蜥蜴长成了超过 15 米的大家伙。

他们和大部分成功的人一样，在相同的时间付出比别人更多的努力，所以他们可以把像金厨鲨鱼这样的家伙从可怕的敌人，变成他们的盘中餐。

现在，让我们回到白垩纪晚期的海洋中，看看沧龙无比可怕的捕食过程。

7500 万年前，今天的西欧海域。

白垩纪浩瀚的海洋并不像表面看上去那么平静，事实上这里到处充满着暴力和血腥的气息。一条 2 米长的古海龟在海里缓慢地游着，他已经习惯了这个残酷的生存环境，每次出去都会小心翼翼，警惕地观察着四周的状况，生怕从哪里冒出一个侵袭者。

可即使是这样，他还是没能逃过那个可怕的巨人。

似乎就在一瞬间，他突然感到一股自上而下的强大力量将他快速压向海底，然后，便是一张血盆大口紧紧地咬住了他的脖子。

15 米长的沧龙罗恩袭击了他，罗恩强壮的牙齿轻而易举地咬碎了古海龟的背甲，直刺内脏，海水被搅得一片浑浊。

而在罗恩口部深处的上颌里，另一排牙齿正在扯碎古海龟的皮肉。

一切都如此迅速，古海龟甚至还没有感受到疼痛，他的身体就已经支离破碎了。

对于强大的罗恩来说，这是一场毫无悬念的战斗。

罗恩家族档案
学名：*Mosasaurus*
中文名称：沧龙
种类：沧龙类
体型：体长约 18 米
食性：鱼类、菊石、海龟，其他小型沧龙科动物
生存年代：晚白垩世，距今 7500 万年至 6600 万年
化石产地：西欧海域

包科尼翼龙帕尔文和山多尔的游戏

争斗有时候并不需要严肃的目的，在生活无聊的时候，它们也能成为生活的调味品。

8500 万年前，今天的匈牙利。

偷偷从大部队中溜出来的包科尼翼龙帕尔文和山多尔想找点好玩的事情做做。

"真不知道我们还要在这无聊的空中待多久，我都有些受不了了！"

"唉，我们的运气真不好。你瞧瞧那些生活在地上的家伙们，他们能在茂密的丛林里钻来钻去，能不时到沙漠上看看风景，或者还能在开阔的平原上撒会儿野。可是我们呢，除了一望无际、无穷无尽的天空，什么都没有！"

"谁说的，我们还拥有云彩呢，他们可够不到这些漂亮的东西！"

"哦，我宁愿不要，它们会把我的毛弄得湿答答的！"

"说的也是，我也喜欢干燥的身子。那么，我们最好找点事情做，生活总得需要自己来调节，不是吗？没有谁帮得了我们。"

"我想，我们玩个游戏！"

"好啊，什么游戏？"

"我们来玩打仗的游戏吧！如果你能赢，我就把明天摘到的果子都给你吃，不过，如果要是我赢了，你就得把明天的食物让给我！"

"嗯，听上去不错，那么开始吧！"

帕尔文和山多尔在浓烈的晚霞中扭打在一起，他们只是为了一场游戏而开始这次争斗。不过，看上去，其中一只占上风的包科尼翼龙似乎有些当真了，他在同伴的翅膀上划出了一道深深的口子，鲜血喷涌而出，洒在了绚丽的晚霞上。

帕尔文和山多尔家族档案

学名：*Bakonydraco*
中文名称：包科尼翼龙
种类：翼手龙类
体型：翼展 3.5~4 米
食性：鱼
生存年代：晚白垩世，距今 8500 万年至 8300 万年
化石产地：欧洲，匈牙利

轰龙卢克的选择

食物就只有那么多，如果想要填饱自己的肚子，而不是让自己填饱别人的肚子，就只能战斗。

当轰龙卢克的祖先经过世世代代的努力从陆地返回海里的时候，他们并不知道，将来有一天他们会和自己的亲戚扭打在一起，甚至会葬身于亲戚的腹中。

在很久很久以前，卢克的祖先实际上并没有生活在海里，陆地才是真正属于他们的世界。

在卢克的祖先那时候，很多水生动物刚刚经过了亿万年的演化，好不容易才从海里爬到了岸上，可是，没过多长时间，那些上岸后已经变成爬行动物的家伙们，却又开始怀念水里的生活。于是，他们中的一些便又重新选择回到海洋的怀抱。卢克的祖先就是这其中的一支。

重返水中的过程并不那么轻松，因为他们甚至已经忘记在水里游泳时应该用什么样的四肢和尾巴，艰难的摸索过程持续了几十甚至几百万年。

当然，你可能觉得卢克的祖先太儿戏了，怎么能随意做出如此重大的决定。

呵呵，这个怪我，怪我把事情说得太简单了！实际上，除了对于大海的怀念和向往，导致他们决定更换生存环境的原因更多的是对于生存的渴望。当时的他们经历了一次小规模的灭绝事件，整个世界都发生了巨大的变化。很多生物都在那次可怕的灭绝事件中消失了，陆地和海洋再次变得空旷起来。而存留下来的生物有了重新为自己的生

命做出选择的机会，大海或者陆地。选择的结果并不重要，重要的是能尽早地在其中任何一种环境中占据绝对优势，这对于整个家族的生存来说都至关重要。

于是，卢克的祖先为了后代能够更加容易地生存下来，选择了浩瀚的海洋，不过他们没想到，这样精心挑选的生存环境，并没有给后代带来多少好处。

卢克已经算得上是进化非常成功的家伙了，4个像船桨一样的鳍状肢，还有那个可以给身体足够动力的尾鳍，他能用这些工具在水中游得很好；当然，还有他那条长长的脖子，能让他在捕食猎物的时候隐藏自己庞大的身体，以免吓跑猎物。但他还不够完美，他那引以为豪的长长的脖子同时也限制了他的攻击和防卫能力。因为他的行进速度和反应速度都由于长脖子而变慢了，而且，他细长的脖子也导致他只能以弱小的鱼儿为食，不能捕食大型的猎物。

这就是选择带来的必然结果，成功和风险共存。

于是，这给了他的亲戚克柔龙一个可乘之机。

1亿2000万年前，现在的澳大利亚海域。

克柔龙粗壮短小的颈部，能张得很大的嘴巴，锋利的牙齿以及瞬间的爆发力和速度，都让他成为当地的顶级掠食者。

他并不会对卢克产生一点点同情，虽然他们是不折不扣的亲戚。

是的，当食物成为生活的第一需要时，情感便被隐藏起来，渐渐消融。

克柔龙在一个早晨看到了正在觅食的卢克，那时候，他正饥肠辘辘。

克柔龙不想浪费这个机会，对他来说没什么残忍与不残忍，填饱肚子才是他最大的任务。

他绷紧全身的肌肉，张开血盆大口，直奔卢克而去。

克柔龙轻松地咬住了卢克那条长长的脖子和那个小小的脑袋，鲜血浸红了他刀刃般的牙齿……

卢克最后想的是，如果不在水里生活该多好。可是他不知道，那时候的陆地上生活着比克柔龙厉害百倍的恐龙家族。

或许卢克该记住，生活里没有如果，有的只是不停地前进！

卢克家族档案
学名：*Woolungasaurus*
中文名称：轰龙
种类：蛇颈龙类
体型：体长约9.5米
食性：鱼等
生存年代：早白垩世
化石产地：大洋洲，澳大利亚

遭遇偷袭的似鳄龙罗咔

这并不是一个彬彬有礼的时代，没有谁会在攻击之前预先告诉你。如果不具备十足的警惕性，那么就等着厄运来临吧！

1亿2000万年前，今天的非洲。

这真是一个美丽的早晨，云淡风轻，空气中飘荡着新鲜叶子带来的万物蓬勃的气息。似鳄龙罗咔伸了个懒腰，他的鼻尖还冒着刚刚呼出的热乎乎的气体。

这样的日子可真不错，罗咔自言自语地赞叹着。

罗咔是一个特别简单的家伙，他不想做首领，不想加入各种各样的战斗，他只想舒舒服服地在丛林里生活，有吃的，有喝的，便足够了！

因为几千米外的一场洪水，这些日子，有很多动物的尸体冲到了罗咔所在的丛林，这可把他高兴坏了。他和邻居们一起享用着这些美食，饱饱地吃了好几天，肚子都开始变得滚圆起来。

罗咔从来都没有想过要独占这片丛林，和大家分享不是很好吗？至少不会感到孤单，他总是这样想。

想着想着，罗咔突然觉得口渴，是啊，那么多美味的食物，让他连喝水都忘记了。

罗咔准备到丛林尽头的那个湖边去喝点水，那个湖的距离虽然比较远，不过那里的水很甜，至少罗咔是这么想的。

罗咿迈着轻松的步伐向湖边走去，沐浴着早晨温暖而舒适的阳光，他觉得幸福极了！他多想让生活就停留在这里，不再继续向前滚动！

"嗨，洛宾，别再和那些小家伙斗气了，一起去湖边喝点水吧！"

"不，我才不要，这次我要给他们点颜色看看！"

"哦，好吧，那我去了！真不知道这样打来打去究竟有什么好玩的！"

"喂，梅拉，要不要去湖边喝水，早晨的时光可真好！"

"不，我还要晒太阳！"

"哦，好吧，实际上一边走一边也可以晒到太阳！"

罗咿热情地和丛林里的邻居们打招呼，他觉得自己和大家相处得十分愉快。

清晨的雾气已经完全散去，罗咿感到脊背上的温度越来越高，他看到那个漂亮的湖了。

湖水正将自己优美的身体舒展在阳光下，让温暖的太阳仔仔细细地晒个遍。

罗咿加紧了脚步，他让那些透亮的湖水弄得心里直痒痒。它们像是一串串在风中晃动的风铃，热情地召唤着罗咿。

罗咿像往常一样轻轻地靠向岸边，他从来都是这样，不忍让自己打搅高贵的湖水。

罗咿并不知道就在水面下正飘动着一双邪恶的眼睛，

全神贯注地盯着罗咿，希望罗咿走得快一点，再快一点！

　　而罗咿，真的走近了！

　　罗咿轻轻地低下头，想要尝一口在心中想了许久的甘甜的湖水。就在这时候，突然，从水中蹿出一个庞然大物。

　　他就是刚刚那双在水面下移动的眼睛的主人，他已经在水中埋伏了很久了。

　　他张开血盆大口向罗咿冲了过来，这次偷袭一定要成功。

　　罗咿吓得站直了身子直往后退，他不过是想喝口水，并不想打扰谁。

　　惊慌失措的罗咿看清了这个庞然大物，是帝王鳄，一个凶猛的怪兽。

　　"不，不，我只是来喝水……"罗咿试图向发疯般的帝王鳄解释，可是这不是一个相敬如宾的时代！

罗咿家族档案

学名: *Suchomimus*
中文名称: 似鳄龙
种类: 兽脚类
体型: 体长约 11 米
食性: 肉食
生存年代: 早白垩世，距今 1 亿 2100 万年至 1 亿 1300 万年
化石产地: 非洲

死里逃生的夜翼龙摩卡

当自己已经完全做好死亡的准备时，突然发现其实自己并不是敌人的目标，那种死里逃生的感觉完全无法用语言来表达。

8800 万年前，今天的北美洲。

这天的天气异常晴朗，夜翼龙摩卡准备出去走走。

她喜欢那种晴朗的天气，当她的翼展划过丝绸一般的天空时，她觉得自己的心就像天一样广阔。

摩卡抬头看了看那轮金色的太阳，朝着阳光飞了出去。

她的嘴巴里不停地发出愉悦的声音，这样悠闲的日子在她的生活中并不多。她常常都在为了寻找食物或者躲避危险而无止境地飞翔，甚至连停下来看看身边风景的时间都没有。

现在，她睁大了眼睛，仔细地观察着身边这些熟悉却又陌生的一切。

哇，大海真美！摩卡看到了浩瀚的大海。

她几乎每天都会飞越这片大海，可是她从来都没有认真地看过！

事实上，它真的很漂亮！蔚蓝的海水像宝石一般反射着太阳的光芒，晶莹剔透的波涛随着海水有节律的运动而不住地翻滚，在海面上上演着优美的舞蹈。

摩卡被这海水吸引了，她渐渐地飞低，向海水靠近。

她的翅膀沾到了海面，在水中划出了一道亮银般的口子。

摩卡飞了起来，看着被自己搅动的海水，高兴地笑了起来。

可就在摩卡想要重新返回海面，再玩一次的时候，忽然，一团黑影以极快的速度从水下钻了出来，带起了大朵大朵的浪花。

摩卡被这突如其来的巨大的声音吓坏了，她迅速地向上飞去。

可黑影也跟了上来，现在，他的半截身子已经完全跳出了海面，摩卡看清楚了。那是一只海生鳄鱼达克龙，他大得就像现在的一辆公交车。

那是可怕的海洋掠食者，摩卡觉得自己的心都要停止跳动了。摩卡以最快的速度扇动自己的翅膀，好让自己逃离那张血盆大口。

可是，摩卡感觉达克龙好像并没有跟着自己。她用余光偷偷地向达克龙望去，这才发现，原来就在达克龙嘴巴的上方，还有一条扁鳍鱼龙，他正挣扎着不让达克龙吃到，可看样子这样的挣扎是徒劳的。

摩卡这才明白，在她到达这片海面之前，达克龙和扁鳍鱼龙已经在海里开始了一场恶战，所以她并不是达克龙的捕食目标。

死里逃生的摩卡胆战心惊地停留在半空，她看着达克龙在还未回落到水中的时候，就已经用嘴巴里那 100 颗巨大的牙齿把扁鳍鱼龙撕了个粉碎，她简直不知道应该用什么样的语言来形容此时的心情！

摩卡家族档案

学名：*Nyctosaurus*
中文名称：夜翼龙
种类：翼手龙类
体型：体长 37 厘米，翼展约 2 米
食性：鱼
生存年代：晚白垩世，距今 8800 万年至 8000 万年
化石产地：北美洲

勇敢的中华丽羽龙苏亚

这是一场争夺领地的战斗，在这个问题上，没有任何讨价还价的余地。

1 亿 2460 万年前，今天的中国辽宁。

中华丽羽龙苏亚在一天早晨得知这个不好的消息——驰龙要入侵他们的领地。这是一个多么令人沮丧的消息，领地对于任何一个家族来说都至关重要！

苏亚召集所有的中华丽羽龙商讨对策，可是会议开了整整一个下午都没有做出任何决定。

这不能怪他们，虽然他们之前并没有和驰龙交过手，但是驰龙家族的凶猛是出了名的，谁会不知道！况且，他们应该怎么办，这在往常都是由首领说了算的。只是苏亚在做了首领之后，常常来找他们商量。

苏亚焦急地在龙群中踱来踱去，这是他上任后碰到的第一个棘手的问题，他得为家族做点什么！

其实摆在苏亚面前的只有两条路，要么战斗，要么逃跑，苏亚非常清楚。只是，苏亚并不知道做出选择后会带来什么样的结果。

可是，谁能预知未来！所有的选择都是在不可知的情况下做出的，能够做到的只有做出谨慎而全面的判断，然后朝着自己设定的目标不懈努力。

苏亚的脑子在飞快地转着，他首先想到的是逃跑。对于他来说能保证族群的安全是第一位的。但是，逃跑之后呢？他们丧失了自己的领地，无处安身，他们要经历艰难的漂泊，以及面临饥饿和被驱逐的困境。他想不出逃跑能为他们带来什么——除了能够避免和驰龙的这场战斗。

可是苏亚现在根本不能确定战斗的结果是他们胜利，还是驰龙胜利，那么他有什么理由放弃这场战斗呢！

　　如果他们能在战斗中胜利，那么他们不仅可以像以前一样舒舒服服地待在自己的家园，还可以把那些战败的驰龙当作自己的美味。苏亚想不应该惧怕，毕竟他还有那么多勇猛的战士。

　　想到这儿，苏亚反而平静了下来。他把自己的决定告诉了族群，他决定出战，并且，首战由他来独自完成。

　　族群的成员真是对苏亚刮目相看，说实话他们从来没奢望过这么年轻的一位王会给他们带来什么样美好的生活。

　　苏亚抖擞着自己漂亮的羽毛，即使是在整个恐龙家族中，他的羽毛都是数一数二的。这些羽毛会为他带来信心，也会为他带来好运。

　　此时，驰龙也兴奋极了，他们一直在策划怎样对付整个中华丽羽龙群，他们根本没想到对方的首领会单独应战，而且他看上去那么年轻，没经过什么战斗。这真是再好不过的机会了！只要把首领打败，整个龙群很快就会瓦解。

　　驰龙的首领站了出来，他久经沙场，信心百倍。

　　苏亚与他对峙着，双方都在等待出击的好时机。而在他们的身后，是观战的族群成员。

　　很快，他们就扭打在了一起。可是，驰龙这才发现自己实在是太轻敌了！无论是在力量还是在体型上自己似乎都不是苏亚的对手。甚至，自己连后肢上锋利的镰刀状弯爪都找不到机会使用。

　　但是，一切都晚了！

　　苏亚越战越勇，他腾空而起，张开血盆大口，准确无误地将还在半空中的驰龙的腿咬在了嘴里。顿时，鲜血滴落在沙尘飞扬的战场上。

　　而剩下的驰龙都知道，他们的侵占计划失败了！

苏亚家族档案

学名：*Sinocalliopteryx*
中文名称：中华丽羽龙
种类：虚骨龙类
体型：体长 2.37 米，高约 0.7 米，体重约 30 千克
食性：肉食
生存年代：早白垩世，距今约 1 亿 2460 万年
化石产地：亚洲东部，中国，辽宁

鹫龙法斯科的一次大胆尝试

谁都喜欢新鲜的事物，它总是能激起自己的欲望。瞧瞧，就连一贯只喜欢追赶毫无战斗力的小动物的鹫龙，面对加斯帕里尼龙这样新鲜而充满诱惑的家伙，也不忘记抓住机会尝试一下战斗的滋味。

9000 万年前，今天的阿根廷。

鹫龙在整个驰龙家族中都是一个另类，他们并不像自己的亲戚那样喜欢杀戮。当然，这并不代表他们是儒雅的绅士，他们之所以选择温和的捕食方式只是因为他们的先天条件并不是很好。

和那些天资优秀的亲戚比起来，鹫龙的体长只有 1 米，身高不到半米，体重 3 千克，又尖又小的牙齿上居然还没有用于撕碎皮肉的锯齿。

唉，说什么好呢！他们既不能用自己的体型取胜，也不能用利齿战斗，他们压根就不是什么杀手。幸好，他们还保留了后肢上那个镰刀状的弯爪。只有那个弯爪在告诉别人，他们是"可怕"的肉食性恐龙。

于是，鹫龙习惯于追捕小型的爬行动物或者哺乳动物，那样一来，他们的体型可就派上用场了。他们可以用"庞大"的身躯吓唬那些小东西们，好让那些小东西乖乖就犯。

对于这样不太耗费体力的事情，鹫龙还是非常积极的。这不，清晨的阳光才刚刚穿透森林里的薄雾，三只鹫龙就已

经抓了几只小东西，完成美味的早餐了。

现在，他们正趴在丛林里休息，他们的首领法斯科为大家站岗，以防敌人的突袭。

忽然，一群呆头呆脑的加斯帕里尼龙出现在法斯科的视线里。这些家伙正一路走一路津津有味地吃着新鲜的蕨类叶子。新生的带着泥土气息的蕨类叶子，是加斯帕里尼龙上好的食物，他们那像小型割草机一样的坚硬的角质喙，一刻都没停下来，把刚刚长出来的树叶撸了个干干净净。

看样子，加斯帕里尼龙们吃得很高兴，他们不停地发出呼噜呼噜的心满意足的声音，完全没有注意到就在他们身后不远处的那三只鹫龙。

法斯科看着这些笨笨的家伙，不由得动了心。法斯科向其他两个伙伴使了个眼色，他们明白了法斯科的意图。这个新鲜的行动对他们来说充满诱惑，习惯于单独追捕小动物的他们还没有尝试过这样的集体作战。

鹫龙们警惕地站了起来，他们高高地竖起了黑黄相间的尾巴，等待着法斯科的命令。

法斯科带领大家躲在一棵高大的松木后面，他盯着正在享受新鲜食物的加斯帕里尼龙群，等待着一个绝佳的机会。

很快，加斯帕里尼龙群就吃光了下面一层蕨类的叶子，他们分散开来，各自去寻找更上面的新鲜树叶。

天哪，这真是一个好机会，要知道围攻一只猎物总是要比和一群猎物作战强得多。

法斯科四下看看，然后点点头示意伙伴们开始进攻。

聪明的鹫龙们以一个 U 字队形向猎物扑去，而作为首领的法斯科并没有冲在最前面，他站在队伍比较靠后的位置，统观着全局。

加斯帕里尼龙群虽然已经分散开了，但是他们的数量很多，也并没有一下子分散到能够让对手轻易围攻其中一只的程度，因此鹫龙还需要进一步瓦解对手的队形。

法斯科注意到，跑在加斯帕里尼龙群最右边的一只龙，跑动的姿势明显比较僵硬，看样子以前受过伤，这是个很好的攻击目标，于是便大叫一声向右边的目标跑去。

而其他两只鹫龙一下子就领会了法斯科的意思，快速将队形收紧并压向右边。

速度对于鹫龙来说根本不是问题，身体轻巧、后肢健硕的鹫龙很快就追上了那只逃跑的加斯帕里尼龙，处于前锋位置的法斯科加快进攻速度向目标扑去。他猛然跃起，张开双臂，后肢向前伸展，亮出致命的弯曲镰刀爪。

或许战斗才是鹫龙的本能，只是他们并没有意识到。虽然他们之前没有进行过集体作战，但是在这场战斗中却配合默契。

法斯科强有力的一脚，没费什么力气便让那只加斯帕里尼龙摔倒在地，还没等他爬起来，另外一只鹫龙也冲了上来，用弯爪狠踢他的身体。

这是最残酷、最血腥的时刻，每只鹫龙的身上都沾上了猎物红色的血液。此时，法斯科高傲地站在那里，看着刚刚结束的猎杀现场，法斯科抬头望着因惊吓而飞奔的加斯帕里尼龙群，那些绿色的脊背很快就消失在了地平线上……

法斯科家族档案

学名：*Buitreraptor*
中文名称：鹫龙
种类：驰龙类
体型：体长 1.5 米，高 0.5 米，重约 3 千克
食性：肉食
生存年代：晚白垩世，距今 9400 万年至 9000 万年
化石产地：南美洲，阿根廷，巴塔哥尼亚

与死神擦肩而过的神河龙伊苏哒尔

永远都要记住，我们所能看到的并不一定就是真相。比如当我们有机会站在白垩纪的海岸，欣赏那像贵妇一般优雅高贵的大海时，并不知道在大海的体内承载的却是血腥和战争。

8500万年前，白垩纪晚期北美洲的海洋。

一批又一批的大型掠食者集聚在这里，寻找着称霸海洋的机会。

这是强者与强者之间的较量，而那些稍显弱小的家伙，在强者还未能分出胜负之前，便率先成了这场战争中的牺牲品。

那时强者云集，就连身长11米的神河龙也属于弱小的一方。

神河龙伊苏哒尔完全没想到自己的生活会变得如此艰难，这是从什么时候开始的？他竟浑然不知……

伊苏哒尔有些害怕地观察着生活中发生的变化，海水依旧，只是越来越多的陌生客出现在了他的周围。

伊苏哒尔起初并不相信这些闯入者能带来什么翻天覆地的变化，可是不久之后他便发现，一些庞大的掠食者野心勃勃地想要达到自己的目标，他们所爆发出来的力量是惊人的！

在生活的胁迫下，伊苏哒尔慢慢开始学会了忍让，学会了低调的生活，这让他躲过了很多危险。他的生活照旧，他觉得非常高兴。

可是，有时候命运偏偏就是要与弱者做对，对他们而言，灾难总是不期而至。

伊苏哒尔起了个大早，趁着大家还在睡觉的时候，去寻找一些喜欢吃的小鱼儿，可他还是遇上了可怕的海王龙。

　　他浑身上下散发出浓稠的血腥气息，让伊苏哒尔不寒而栗。

　　海龙王张开血盆大口直奔伊苏哒尔而来，伊苏哒尔害怕地打了一个机灵，以最快的速度下潜，与海王龙擦肩而过！

　　天哪，再没有比这更惊险的事情了！

　　伊苏哒尔想要从海王龙身下穿过，他知道出击失败的海王龙会变本加厉地朝他追来，可是他并不知道幸运之神会不会再次眷顾自己。

　　伊苏哒尔来不及去想，逃跑成了他现在唯一能做的事情！

伊苏哒尔家族档案

学名：*Styxosaurus*
中文名称：神河龙
种类：蛇颈龙类
体型：体长 11~12 米
食性：肉食
生存年代：晚白垩世，距今 8500 万年
化石产地：北美洲

南方猎龙珍妮和多夫的伏击

从很大程度上说，捕猎是一个充满智慧的技术活儿，它不会单纯地依靠力量或者速度取胜，而要靠综合策略，这适用于任何聪明而高效的猎人。

我们常常从精美的照片或者电视节目上看到动物捕猎的场景，这很常见，不过其中有两种动物的捕猎方式给我留下了深刻的印象。

一种是可爱的北极熊。

在冰雪覆盖、居民极少的北极，能顺利地抓到猎物并不是一件容易的事情。有时候，往往要追着好不容易出现的小猎物，跑上十几里地才能抓到。可即使是这样也不是次次都能成功，很多时候是这样的：猎人跑了很久眼看就要抓到猎物了，可猎物却幸运地遇到了一个大冰窟窿，他咕噜一下钻了进去再也不出来了。而刚才辛苦了很久的猎人，这会儿哪怕在冰天雪地里急得大汗直流，也毫无办法。

不过，算得上是这块土地上的顶级掠食者——北极熊，就要聪明多了。他喜欢吃海豹，但他并不会常常到冰冷的水里追赶自己的猎物。他知道海豹每隔一段时间就会到冰面上来呼吸新鲜空气，所以常常会选择一大片没有裂缝的冰面，然后勤奋地在上面挖个洞。洞不大不小，正好可以让海豹的脑袋完全伸出来。然后，北极熊就懒懒地趴在洞边等着。而在水里游了半天的海豹，一定会选择从这个洞伸出脑袋来换气，因为这周围再也没有通向外界的洞了。这时候，北极熊就会用自己的熊掌，温柔地将海豹抓起来，作为自己的美餐。

瞧，北极熊多聪明！

那另外一种呢，就是鳄鱼。

鳄鱼的凶猛大家都知道，但是他们捕猎成功大多时候靠的并不是凶猛。

他们常常趴在水流湍急的地方，张开大大的嘴巴，等待水流将鱼儿自然地冲到他们的嘴巴里。每隔一段时间，他们就把嘴巴合起来，把多余的水滤掉，然后把那些不走运的鱼儿吞到肚子里。

这样充满智慧的捕猎方式真是令我佩服，在动物中间隐藏的智慧或许比我们想象得要高出许多。作为食物链顶端的那些家伙们，并不是一味地凭借着自己的蛮力成功的，能够合理地运用战略战术是这些高效掠食者的共同点。

一亿多年前的这两只南方猎龙珍妮和多夫就是如此。

1亿年前，今天的澳大利亚。

珍妮和多夫已经是当时澳大利亚最大型的肉食性恐龙了，但是对他们来说，也并非想吃什么就能吃到什么，比如那些个个都比公交车还要长的迪亚曼蒂纳龙。

迪亚曼蒂纳龙只是植食性恐龙，而且没有任何武器，但即使是这样，南方猎龙也不敢轻易打他们的主意，因为他们实在是太大了，一只成年的迪亚曼蒂纳龙体长能够达到16米，而南方猎龙的体长才6米，并且迪亚曼蒂纳龙在任何时候都是以群体的方式进行活动，所以南方猎龙就更不想去招惹他们了。

不过，这倒不是说珍妮和多夫没有任何可以下手的机会。因为，任何时候被饥饿所困扰的猎手总是能想到好的办法。

这天，珍妮和多夫便下决心要尝尝迪亚曼蒂纳龙的味道。当然，他们事先做了详细的调查和周密的计划。

在丛林的中间有一条河，这条河是迪亚曼蒂纳龙每天的必经之路。他们总是要蹚过河水到丛林的另一头采集食物，因为那里的树叶要茂盛得多。

那条河水并不宽，迪亚曼蒂纳龙在过河的时候没办法一起过，他们必须一只一只排着队走过去。而这时候，幼年的迪亚曼蒂纳龙就会有独自待在水中的时间。这便是南方猎龙出击的最佳时刻。

珍妮和多夫埋伏在了岸边的丛林中，而迪亚曼蒂纳龙群就像往常一样慢慢地向河边走来，一切都像珍妮和多夫预料的那样。当一只年幼的迪亚曼蒂纳龙独自待在水中时，他们迅速从岸边的丛林中跳出来，用锋利的牙齿和可怕的爪子向猎物展开猛烈的攻击。

所有的迪亚曼蒂纳龙都愣住了，他们还没弄明白究竟发生了什么事情……

珍妮和多夫家族档案

学名：*Australovenator*
中文名称：南方猎龙
种类：兽脚类
体型：体长 6 米，高 2 米，重 500~1000 千克
食性：肉食
生存年代：早白垩世，距今 1 亿 600 万年至 1 亿年
化石产地：大洋洲，澳大利亚

64

白龙巴托的战斗

黑夜或许能掩盖战斗的经过，却遮挡不了空气中残留的黏稠的血腥气息。

8000 万年前，今天的乌哈托喀地区。

夜即将笼罩这片大地，而伴随着黑暗一起涌来的还有可怕的闪电、震耳欲聋的雷声和瞬间而下的倾盆大雨。

白龙巴托和他的伙伴小心翼翼地走着，乌云将月亮完全遮挡了起来，他们看不清脚下被水流冲刷的沟壑，深一脚浅一脚地将自己的身体陷在泥泞的沙地里。

巴托并不喜欢这样潮湿的夜晚，他通常只在干燥的白天才能捕捉到属于自己的猎物，可今天他实在是太饿了。

雨水把巴托和同伴的羽毛弄得湿答答的，他不禁有些烦躁，干脆在丛林中奔跑起来。在这个注定一无所获的夜晚，他想要快些回到自己的窝里，好舒舒服服地睡个觉。

一条条的细流从沙漠深处裹着泥沙流入森林尽头，淡绿色的湖水在细流的冲击下，渐渐地变成了深灰色。

巴托的窝就在湖的对岸。

巴托和同伴已经走了很久，他们就要到湖边了，可是巴托突然停了下来。

"怎么不走了，巴托？"同伴有些不耐烦地问道。

"你看那是什么？"巴托指了指湖边说。

巴托的同伴根本看不清楚黑漆漆的湖水旁有什么东西，这时候，一道划过长空的闪电帮了他们的忙。那道恐怖的闪电同时映射出了恐怖的画面，就在湖岸边，躺着一具血淋淋的尸体，而在尸体的后面，是一张令人畏惧的面孔——一双邪恶的眼睛下方有一道深深的伤疤。

那是善战的伶盗龙。

巴托和同伴都没有动，他们并不是畏惧，而是完全没想到在这个扫兴的夜里还能遇到这样的美事，他们原本以为会一无所获。

巴托的心情突然好得不得了。

他从喉咙深处发出了低沉的吼声，这吼声穿透了黑暗的天空，树林间立刻传来了一阵骚乱。受惊的小鸟和小哺乳动物向更隐秘的地方窜去，将战场留给了巴托和伶盗龙。

正在大快朵颐的伶盗龙当然听到了来自巴托的挑衅，他有些不悦地扔掉嘴巴里的肉块，向巴托走来。

同样，这只伶盗龙也没有惧怕。

事实上，伶盗龙和巴托一样都属于驰龙家族，这是一个骁勇善战的家族，在他们的生活中从来都不会发生逃跑这样的事情，战斗才是他们的使命。

伶盗龙准备率先发起攻击，他要速战速决，他可不想让享受美食的过程耽误得太久。

可是天实在是太黑了，伶盗龙竟然没有看到巴托的身旁还有另外一位同伴。

巴托准备与伶盗龙正面对决，而他的同伴已经悄悄地潜入了伶盗龙的身后。

巴托的同伴得意极了，因为看起来他的偷袭就要成功了。

可是，巴托的同伴低估了身经百战的伶盗龙。此时的伶盗龙早已经感受到了身后的变化，他没有再给对手机会，而是突然转头对着靠近自己的白龙发出了怒吼。

这突如其来的吼声把巴托的同伴吓了一跳，可是却给巴托带来了绝佳的机会。他趁着伶盗龙转头的瞬间，起身一跃便骑在了伶盗龙身上。而巴托的同伴也在这时趁机冲了上来。

他们不断地用自己锋利的牙齿和爪子撕咬着对方，而他们周围的沙土上，则不时有带着血的毛发顺着雨水掉落在那里。

虽然伶盗龙是强大的猎手，但是同时面对两只并不十分弱小的白龙，他终究还是无法抵御。

在激烈的打斗中，伶盗龙被对方锋利的弯爪多次刺中了肚子，伤口的剧痛，让他在痛苦的嚎叫中倒卧在地面上。

巴托和同伴停止了攻击，他们借着空中的闪电观察着这只战败的伶盗龙，过不了多久，他们就会把这个新鲜的猎物连同湖边那具尸体一起吞到肚子里。

等夜晚过去，阳光再次来临的时候，或许谁都不知道曾经在湖边发生过什么。不过，那停留在空气中的浓重的血腥气息会给大家讲述一个谁都不知道真与假的传奇故事！

巴托家族档案

学名：*Tsaagan*
中文名称：白龙
种类：驰龙类
体型：体长约 1 米
食性：肉食
生存年代：晚白垩世，距今 8000 万年
化石产地：亚洲东部，蒙古

澳大利亚暴龙维克多的美餐

尽管在恐龙时代地球上大多数的地方都常年温润，没有明显的冬季，但这一规律并不适合那时的澳大利亚。

当时，澳大利亚更靠近南极，即使没有像今天这么寒冷的冬季，当地的生灵们也得度过接近 6 个月的极夜。

这对他们来说是一个极大的挑战，没有谁能在黑暗中像往常一样生活上 6 个月，他们必须采取别的办法：向北迁徙，远离极夜，或者冬眠。

1 亿 1200 万年前，今天的澳大利亚南部。

天气逐渐转凉，雪花像落叶般纷纷洒洒，即将覆盖整个大地。

迁徙原本就是一件艰难的事情，更何况是在天寒地冻的时候长途跋涉，对于那些小型的恐龙来说，他们根本没有体力支撑自己完成这么艰巨的任务，就像不足 1 米的丽阿琳龙。

善于挖洞的丽阿琳龙会知趣地选择冬眠，他们有能力让自己在温暖的洞里舒舒服服地度过一整个冬季。只是在这之前，他们要趁着雪还没大起来，多准备些耐寒的植物，好为自己补充足够的能量。

可是，那些正在迁徙的恐龙并不会同情像丽阿琳龙这样的小不点儿，他们常常把这些留守的恐龙作为自己在迁徙途中的食物。

这不，那只身长 3 米的澳大利亚暴龙维克多突然从一片积雪中杀了出来，他雪白的毛色迷惑了丽阿琳龙的眼睛。维克多的速度极快，那只丽阿琳龙还没有看清来者的模样便被咬住了喉咙……

丽阿琳龙没想到，就在自己搜寻这个冬季到来之前的最后一餐时，却成了别人的美餐。

维克多家族档案

学名：未命名物种
中文名称：澳大利亚暴龙
种类：暴龙类
体型：体长约 3 米
食性：肉食
生存年代：白垩纪，1 亿 1200 万年
化石产地：大洋洲，澳大利亚

甲龙萨德的奋力一搏

母爱的力量有时候会特别地惊人，这一点，或许连这只霸王龙都没有想到，否则他也不会丧命于那个可怕的尾锤之下了。

6800 万年前，今天的北美洲。

"妈妈，又到了我们的游戏时间了，这次我想去攀岩。"

"不，我可不想像蜥蜴似的在岩缝中钻来钻去，我想去划水。"

"嘿，我说亲爱的宝贝们，你们为什么总是幻想着自己并不适合的运动呢？或许练一练怎么挑选新鲜的叶子才是你们应该要学的！"

这天的天气出奇得好，两只小甲龙央求着自己的妈妈萨德带他们去做游戏。

"才不呢！世界上根本不存在什么幻想，只要我们敢想就会实现！"

萨德从来不知道自己的孩子居然有这么深刻的见解，她瞪大了眼睛盯着他，"可是你不觉得要攀岩我们的体重太重了吗？"

"我的体重完全能达到攀岩的标准。"

"哦，对了，我怎么忘记你还没有长那些厚重的盔甲！那么如果我也想去攀岩，又该怎么办呢？"萨德说道。

"或许应该借助外力，反正办法会想出来的！"

　　萨德被可爱而聪明的孩子逗乐了，她决定带着他们出去游戏，不管是攀岩也好，划水也好，反正是他们想做的就都去做好了，而她会负责他们的安全的。

　　萨德带着孩子们到了森林的尽头，她趴在空旷的沙土里休息，而孩子们正在山脚下和湖水边跃跃欲试。

　　萨德的家族虽然是植食性恐龙，但是因为他们浑身上下都披覆着厚厚的铠甲，尾巴上还有可怕的尾锤，所以他们轻易不会受到肉食性恐龙的攻击。再加上这里是丛林的尽头，大部分动物都不会到这里来，所以萨德很放心孩子们在这里玩耍。萨德静静地趴在太阳底下，看着他们的身影，幸福极了！

　　可是萨德并不知道，就在离自己的孩子不远的地方，一只霸王龙正在贪婪地流着口水。

　　这只霸王龙刚刚要回丛林，没想到居然撞到了这两个小不点儿。他完全没看到萨德，当然也就不知道这两个没有长着任何盔甲的小家伙是萨德的孩子。

　　霸王龙想都没想，就向着这两只小甲龙冲了过去，这对他来说就像是要吃点儿饭后甜点那么容易。

　　可就在霸王龙即将靠近小甲龙的时候，萨德发现了他。

　　天哪，居然有一只恐怖的霸王龙要袭击自己的孩子！

　　萨德吓得大叫起来，她简直就是从地上弹起来的，她的身体似乎不再是平时那副笨重的身躯。她知道自己面对的是一个怎样强大的掠食者，霸王龙可是整个森林，哦不，是整

个世界的霸主。可是萨德没有理由后退，在那个强大的怪兽身边就是自己的孩子，是那两个内心充满着幻想，渴望着实现幻想的孩子。萨德咬紧牙关向霸王龙冲了过去。

萨德的突然出现，让得意的霸王龙吓了一跳。要知道，甲龙是恐怖的对手，他们身上的盔甲就像坦克一样坚硬，要是在平时，霸王龙会放弃这种危险的对峙，但是现在，是他自己挑起了这场战争。

霸王龙平静了一下，他准备主宰这场战斗，并且要速战速决。

霸王龙吼叫着快速向萨德奔来，可是萨德并没有被他吓倒。萨德镇静地盯着越来越近的霸王龙，然后慢慢扭动着身体，长长的尾巴和末端的骨锤逐渐摆到了合适的位置。就在霸王龙距离她大约 10 米的时候，萨德以极快的速度把尾巴向前横扫出去，甚至带起了地上干枯的树叶。

这是霸王龙一生中最不幸的时候，他的膝盖被萨德的尾锤打碎了。

霸王龙的身体顿时失去了平衡，重重地倾斜着倒了下去。

但萨德没有给霸王龙留下任何喘息的机会，她继续用坚硬的骨锤猛砸霸王龙的身体。霸王龙痛苦地哀嚎着，他高昂的脑袋重重地倒在了地上，身体再也动不了了。

凶猛的霸王龙做梦也没有想到，为了这顿不知道是否美味的甜点，他激怒了一位母亲，也因此丢了自己的性命。

萨德家族档案
学名：*Ankylosaurus*
中文名称：甲龙
种类：甲龙类
体型：体长最大可达 9 米，高 2 米，体重约 6 吨
食性：植食
生存年代：晚白垩世，距今 6850 万年至 6600 万年
化石产地：北美洲

让敌人无从下手的中国角龙罗门

在一代又一代的进化中，植食性恐龙的身体发生着剧烈的变化，这些变化大多是为了抵御肉食性恐龙的进攻。

这是中国角龙罗门，在他的身上，我们能清晰地看到他的族群为了抵御掠食者的进攻而发生的变化。

6850 万年前，今天的中国山东。

罗门是身强力壮的植食性恐龙，这点，从他接近 7 米长的身子就能看得出来。

不过，身体的强壮并不能完美地为罗门阻挡敌人的进攻，他对自己最为满意的是头上那些可怕的尖角。

在罗门的鼻子上，长着一只硕大的尖角，它就像是罗门的护卫，在敌人靠近他之前，他的护卫就已经开始警告敌人了。除此之外，在罗门的脑袋后面还长有一块巨大的项盾，上面布满了甲片和骨块，而且沿着项盾边缘向外伸出了 13 只尖刺，这套装备完美地保护着他的脖子。

罗门的角和项盾让许多同时代的肉食性恐龙无法把他变成美食，因为他们在面对罗门时，几乎无从下手。

罗门家族档案

学名：*Sinoceratops*
中文名称：中国角龙
种类：角龙类
体型：体长 6~7 米
食性：植食
生存年代：晚白垩世，距今 7200 万年至 6600 万年
化石产地：亚洲东部，中国，山东

冥河龙亚可的悲惨遭遇

虽然在陆地上冥河龙是顶尖的植食性恐龙，但这并不代表他们是绝对安全的。因为只要换个环境，他们的防御装备便完全派不上用场了。

6600 万年前，今天的北美洲。

冥河龙亚可的脑袋顶部完全被骨瘤、顶骨及尖角覆盖。

从他的鼻孔上方便开始出现了圆锥形的凸起骨瘤，覆盖至头骨中后部、面颊部，并环绕眼睛。这些圆锥形的凸起并不像想象的那么柔和，它们中的很多都很尖，牢牢地守护着冥河龙的头部。

在亚可的脑袋顶上还长有一个厚达 3 厘米的坚硬圆形顶骨，而且非常结实。

另外，亚可头骨后面两侧长有一对长 18 厘米、根部宽 6 厘米的长尖角。而围绕着长尖角，又长有 3 对短尖角，这些尖角保护着亚可的脑袋后部和颈部。

正因为这些严密的装甲，很多肉食性恐龙并不敢轻易靠近亚可，他成为当时顶级的植食性恐龙，可以相对自由地在丛林中生活。

但这并不表示亚可就拥有了绝对的安全。

这不，那天他不过是想通过倒在水中的树干穿过这条河，可就是这么短短的一段路程，居然出了意外。

一只在水中潜伏的鲨鱼猛然从水中钻了出来，他张开的血盆大口几乎咬住了亚可的半个身子。而可怜的亚可完全不知道应该如何反抗，在陆地上如此厉害的他，在水中几乎寸步难行。

亚可最终成了鲨鱼的美食。也许你会为亚可感到惋惜，可这就是生存的残酷。如果你不设法适应环境，那么终究会被环境淘汰。

亚可家族档案
学名：*Stygimoloch*
中文名称：冥河龙
种类：肿头龙类
体型：体长 3~6 米，高 1~2 米，体重 300~600 千克
食性：植食
生存年代：晚白垩世，距今 6700 万年至 6600 万年
化石产地：北美洲

小行星撞击地球

无论经历多么残酷的同族或异族间的战斗，恐龙家族的成员依旧信心百倍地生活着。

这已经成了他们生活的一部分，并没有谁在这样残酷的生活中感到诚惶诚恐。

可是，他们并不知道，最终将他们带向毁灭的并不是来自同族或异族的对手，而是更大的敌人——自然。

6600 万年前，今天的墨西哥尤卡坦半岛。

一块比十个足球场都要大的闪着火光的陨石从外太空飞速向地球而来，重重地砸在了这里。

这块巨大的陨石给地球带来了前所未有的灾难，它所产生的巨大冲击力是现在的核武器都难以比拟的。

整个地球山崩地裂，海啸瞬间便覆盖了整个美洲，排山倒海的巨浪吞噬了全部的光明。

因撞击形成的岩石碎片和尘埃直上云霄，炙热的熔岩也腾空而起，生机勃勃的地球顿时成了巨大的灾难现场。

几个星期后，震荡归于平静，漂浮在天空的熔岩又降落下来，大片大片幸存下来的森林被它点燃，地球成了一片火海。在灾难中艰难逃生的恐龙们不得不面临新的问题。

湿润而茂密的森林不复存在，整个世界陷入了长时间的黑暗期。然而越来越多的恐龙和其他动物们根本无法适应这样新的残酷的生存环境，他们唯一能做的就是慢慢走向冰冷的死亡！

统治世界将近 1 亿 7000 万年的恐龙家族终究没能在与自然的抗争中取胜，他们中的绝大多数都在那场战斗中永远消失了。

霸王龙威尔逊的最后一天

即使是最强大的掠食者，在自然灾害面前也无能为力。当他们看到自己一手建造的丛林帝国在大火中消亡的时候，心中会是怎样的悲凉！

在陨石撞击地球之后，地球的生态发生了翻天覆地的变化。即使是在远离撞击点的地球另一端，它所带来的影响也是致命的！

生态改变、火山爆发，所有这一切因素集聚起来，造成了恐龙帝国最终的坍塌。这些壮丽的生命就这样从世界上消失，给我们留下了无数的遗憾以及未知的秘密。

6600万年前，今天的北美洲。

陨石撞击地球带来的环境变化，很快影响到了地球的另一端，只是生活在那里的居民并不知道发生了什么事情。

已经很长一段时间了，天气都异常闷热。

在霸王龙威尔逊所在的丛林北面，接二连三地有一些小型火山喷发。刺鼻的气味躲藏在空气中向外扩散，将整个丛林笼罩。

很多动物都没能经受住干旱和饥饿的考验，死去了，浓重的尸臭味为丛林平添了几分悲凉的气息。

关于灾难将至的说法在丛林中不胫而走，居民们惶惶不可终日。

只有威尔逊还乐观地生活着，他希望这只是一年一次旱季的延续，这在丛林里经常可见。他不会想到自己建造的丛林帝国会在这次灾难中消亡。

丛林里的食物越来越少，威尔逊不得不带着儿子亚伦去寻找那些他们往常根本看不上的东西。

这一天，他们的战绩似乎不错，他们在干枯的岩石缝中找到了几只干扁的蜥蜴，威尔逊把这些蜥蜴都让给了亚伦。

到夜幕降临，威尔逊没再找到食物，他的肚子饿得咕咕直叫，不过他并不在意。威尔逊伴着对未来的憧憬、对亚伦的期望沉沉地睡去了。

他们睡得很香，若不是早晨那一道从地平线袭来的刺眼的光芒将他们唤醒，恐怕他们还沉浸在甜美的梦中！

威尔逊和亚伦几乎同时睁开了眼睛，然而一切都已经不是昨天看到的那样了！

巨大的火山爆发的声音随着那道刺眼的光芒汹涌而来，继而是席卷整个丛林的大风。从火山冒出的浓浓的黑烟形成壮观的烟柱，迅速地覆盖了整个天空。

风刮了又停，停了又刮，烟柱越来越黑，越来越粗，空气中开始散发着浓烈的刺鼻味道，威尔逊和亚伦的呼吸变得越来越困难。

炙热的熔岩奔涌而出，瞬间将地面上的一切物体卷入其中，紧接着，又是一股熔岩推着前一股熔岩向丛林袭来。

丛林陷入了黑暗，而后又被火光映得如同白昼，大地开始剧烈地震动，威尔逊和亚伦张开巨大的嘴巴惊恐地看着这一切。

就像那个不胫而走的消息一样，灾难已经来了！

当熔岩再次袭来的时候，威尔逊果断地推开了亚伦。

"勇敢地活下去！"这是威尔逊最后的声音，伴随着巨大的地面裂开的声音，他不知道亚伦还能不能听到。

亚伦看着瞬间消失的父亲，他的世界骤然静止，他再也听不到火山喷发时地动山摇的声音，听不到围绕在他周围撕心裂肺的号叫声。

亚伦平静地在已是一片火光的丛林中奔跑着，没有恐惧，只有父亲最后留给他的活下去的希望。

然而，这样的希望或许只是恐龙家族最后一个美好的愿望罢了！

死亡来得太快，所有的生命都惊慌失措，即使有着 1 亿 7000 万年历史的恐龙家族，也表现出了鲜有的哀伤和胆怯。

但是，死亡并不会因此而后退。

很快，可怕的灾难就降临了！

在短短的时间里，它剥夺了几乎所有生命生存的权利。绝大多数恐龙都在这场漫长的灾难中灭绝了，世界再次成为一片荒芜，只剩下其中的鸟类还在诉说着他们曾经的传说。

威尔逊家族档案
学名：*Tyrannosaurus*
中文名称：霸王龙
种类：暴龙类
体型：体长约 13 米，高 4 米，重 6.8 吨
食性：肉食
生存年代：晚白垩世，距今约 6800 万年至 6600 万年
化石产地：北美洲

索 引
遵循中文习惯，按中文名称拼音首字母排序

本系列作品创作时参考文献

在此鸣谢每一位科学家，感谢他们为人类文明进步所做出的贡献。

参考论文：

1, Lu Junchang; Yoichi Azuma; Chen Rongjun; Zheng Wenjie; Jin Xingsheng (2008). "A new titanosauriform sauropod from the early Late Cretaceous of Dongyang, Zhejiang Province". *Acta Geologica Sinica (English Edition)*

2, You Hai-Lu; Tanque Kyo; Dodson Peter (2010). "A new species of *Archaeoceratops* (Dinosauria:Neoceratopsia) from the Early Cretaceous of the Mazongshan area, northwestern China"

3, Xing, X., Zhou, Z., Wang, X., Kuang, X., Zhang, F., and Du, X. (2003). "Four-winged dinosaurs from China." *Nature*

4, Norell, Mark, Ji, Qiang, Gao, Keqin, Yuan, Chongxi, Zhao, Yibin, Wang, Lixia. (2002). "'Modern' feathers on a non-avian dinosaur". *Nature*

5, Xu, X. and Norell, M.A. (2006). "Non-Avian dinosaur fossils from the Lower Cretaceous Jehol Group of western Liaoning, China."*Geological Journal*

6, Galton, Peter M.; Sues, Hans-Dieter (1983). "New data on pachycephalosaurid dinosaurs (Reptilia: Ornithischia) from North America". *Canadian Journal of Earth Sciences*

7, Evans, D. C.; Schott, R. K.; Larson, D. W.; Brown, C. M.; Ryan, M. J. (2013). "The oldest North American pachycephalosaurid and the hidden diversity of small-bodied ornithischian dinosaurs". *Nature Communications*

8, Jin, F., Zhang, F.C., Li, Z.H., Zhang, J.Y., Li, C. and Zhou, Z.H. (2008). "On the horizon of *Protopteryx* and the early vertebrate fossil assemblages of the Jehol Biota." *Chinese Science Bulletin*

9, Ji S., and Ji, Q. (2007). "*Jinfengopteryx* compared to *Archaeopteryx*, with comments on the mosaic evolution of long-tailed avialan birds." *Acta Geologica Sinica*(English Edition)

10, Xu, X.; Tan, Q.; Wang, J.; Zhao, X.; Tan, L. (2007). "A gigantic bird-like dinosaur from the Late Cretaceous of China". *Nature*

11, Ryan, M.J. (2007). "A new basal centrosaurine ceratopsid from the Oldman Formation, southeastern Alberta". *Journal of Paleontology*

12, Ryan, M.J.; A.P. Russell (2005). "A new centrosaurine ceratopsid from the Oldman Formation of Alberta and its implications for centrosaurine taxonomy and systematics". *Canadian Journal of Earth Sciences*

13, Zheng, Xiao-Ting; You, Hai-Lu; Xu, Xing; Dong, Zhi-Ming (19 March 2009). "An Early Cretaceous heterodontosaurid dinosaur with filamentous integumentary structures". *Nature*

14, Xu, Xing; Zheng Xiao-ting; You, Hai-lu (20 January 2009). "A new feather type in a nonavian theropod and the early evolution of feathers".

Proceedings of the National Academy of Sciences (Philadelphia)

15, Schweitzer, Mary H.; Wittmeyer, Jennifer L.; Horner, John R.; Toporski, Jan K. (March 2005)."Soft-tissue vessels and cellular preservation in *Tyrannosaurus rex*". *Science*

16, Brochu, C.R. (2003). "Osteology of *Tyrannosaurus rex*: insights from a nearly complete skeleton and high-resolution computed tomographic analysis of the skull". *Society of Vertebrate Paleontology Memoirs*

17, Farrier, John. "Scientists: The Quetzalcoatlus Pterosaur Could Probably Fly for 7-10 Days at a Time". *Neotorama*

18, Lawson, D. A. (1975). "Pterosaur from the Latest Cretaceous of West Texas. Discovery of the Largest Flying Creature." *Science*

19, Lehman, T. and Langston, W. Jr. (1996). "Habitat and behavior of *Quetzalcoatlus*: paleoenvironmental reconstruction of the Javelina Formation (Upper Cretaceous), Big Bend National Park, Texas", *Journal of Vertebrate Paleontology*

20, Mark P. Witton, Pterosaurus: Natural History, Evolution, Anatomy, 2013, Princeton University Press

21, Brusatte, S. L., Hone, D. W. E., and Xu, X. In press. "Phylogenetic revision of *Chingkankousaurus fragilis*, a forgotten tyrannosauroid specimen from the Late Cretaceous of China." In: J.M. Parrish, R.E. Molnar, P.J. Currie, and E.B. Koppelhus (eds.), *Tyrannosaur! Studies in Tyrannosaurid Paleobiology*

22, Xu Xing, Forster, Catherine A., Clark, James M. & Mo Jinyou. (2006). A basal ceratopsian with transitional features from the Late Jurassic of northwestern China. *Proceedings of the Royal Society of London: Biological Sciences.*

23, Meng Qingjin, Liu Jinyuan, Varrichio, David J., Huang, Timothy & Gao Chunling. (2004). Parental care in an ornithischian dinosaur. *Nature*

24, Russell, D.A., Zheng, Z. (1993). "A large mamenchisaurid from the Junggar Basin, xinjiang, People Republic of China." *Canadian Journal of Earth Sciences*

25, Maleev, Evgeny A. (1955). "New carnivorous dinosaurs from the Upper Cretaceous of Mongolia." (PDF). *Doklady Akademii Nauk SSSR* (in Russian)

26, Xu Xing, X; Norell, Mark A.; Kuang Xuewen; Wang Xiaolin; Zhao Qi; and Jia Chengkai (2004). "Basal tyrannosauroids from China and evidence for protofeathers in tyrannosauroids". *Nature*

27, Z. Dong, X. Li, S. Zhou and Y. Zhang, 1977, "On the stegosaurian remains from Zigong (Tzekung), Szechuan province", *Vertebrata PalAsiatica*

28, Zhang, Fucheng; Zhou, Zhonghe; Xu, Xing; Wang, Xiaolin and Sullivan, Corwin. "A bizarre Jurassic maniraptoran from China with elongate ribbon-like feathers". *Nature*

29, Welles, S. P. (1954). "New Jurassic dinosaur from the Kayenta formation of Arizona". *Bulletin of the Geological Society of America*

30, Chen, P.; Dong, Z.; and Zhen, S. (1998). "An exceptionally well-preserved theropod dinosaur from the Yixian Formation of China". *Nature*

31, Perle, A., Norell, M.A., and Clark, J. (1999). "A new maniraptoran theropod - *Achillobator giganticus* (Dromaeosauridae) - from the Upper Cretaceous of Burkhant, Mongolia." *Contributions of the Mongolian-American Paleontological Project*

32, P. Godefroit, P. J. Currie, H. Li, C. Y. Shang, and Z.-M. Dong. 2008." A new species of Velociraptor (Dinosauria: Dromaeosauridae) from the Upper Cretaceous of northern China" . *Journal of Vertebrate Paleontology*

33, J.W. Hulke, 1887, "Note on some dinosaurian remains in the collection of A. Leeds, Esq, of Eyebury, Northamptonshire", *Quarterly Journal of the Geological Society*

34, N. R. Longrich and P. J. Currie. 2009. "A microraptorine (Dinosauria–Dromaeosauridae) from the Late Cretaceous of North America" . *Proceedings of the National Academy of Sciences*

35, Makovicky, J.A., Apesteguía, S., and Agnolín, F.L. (2005). "The earliest dromaeosaurid theropod from South America." *Nature*

36, Jerzykiewicz, T. and Russell, D.A. (1991). "Late Mesozoic stratigraphy and vertebrates of the Gobi Basin." *Cretaceous Research*

37, Buffetaut, E. and Morel, N., 2009, "A stegosaur vertebra (Dinosauria: Ornithischia) from the Callovian (Middle Jurassic) of Sarthe, western France", *Comptes Rendus Palevol*

38, Maidment, Susannah C.R.; Norman, David B.; Barrett, Paul M.; Upchurch, Paul (2008). "Systematics and phylogeny of Stegosauria (Dinosauria: Ornithischia)".*Journal of Systematic Palaeontolog*

39, Turner, C.E. and Peterson, F. (2004). "Reconstruction of the Upper Jurassic Morrison Formation extinct ecosystem—a synthesis".*Sedimentary Geology*

40, Harris, J.D. (2006). "The significance of *Suuwassea emiliae* (Dinosauria: Sauropoda) for flagellicaudatan intrarelationships and evolution". *Journal of Systematic Palaeontology*

41, Wilson, J. A. (2002). "Sauropod dinosaur phylogeny: critique and cladistica analysis".*Zoological Journal of the Linnean Society*

42, Upchurch, P et al. (2000). "Neck Posture of Sauropod Dinosaurs" . *Science*

43, Taylor, M.P., Wedel, M.J., and Naish, D. (2009). "Head and neck posture in sauropod dinosaurs inferred from extant animals". *Acta Palaeontologica Polonica*

44, Grellet-Tinner, Chiappe, & Coria (2004). "Eggs of titanosaurid sauropods from the Upper Cretaceous of Auca Mahuevo (Argentina)". *Canadian Journal of Earth Science*

45, Norell, Mark A.; Makovicky, Peter J. (1997). "Important features of the dromaeosaur skeleton: information from a new specimen". *American Museum Novitates*

46, Schmitz, L.; Motani, R. (2011). "Nocturnality in Dinosaurs Inferred from Scleral Ring and Orbit Morphology". *Science*

47, Jerzykiewicz, Tomasz; Currie, Philip J.; Eberth, David A.; Johnston, P.A.; Koster, E.H.; Zheng, J.-J. (1993). "Djadokhta Formation correlative strata in Chinese Inner Mongolia: an overview of the stratigraphy, sedimentary geology, and paleontology and comparisons with the type locality in the pre-Altai Gobi". *Canadian Journal of Earth Sciences*

48, Sander, P. M.; Mateus, O. V.; Laven, T.; Knötschke, N. (2006-06-08). "Bone histology indicates insular dwarfism in a new Late Jurassic sauropod dinosaur". *Nature*

49, D'Emic, M. D. (2012). "The early evolution of titanosauriform sauropod dinosaurs". *Zoological Journal of the Linnean Society*

50, Weishampel, D., Norman, D. B. et Grigorescu, D. 1993. "*Telmatosaurus transsylvanicus* from the Late Cretaceous of Romania: the most basal hadrosaurid dinosaur" .*Palaeontology*

51, Marpmann, J. S.; Carballido, J. L.; Sander, P. M.; Knötschke, N. (2014-03-27). "Cranial anatomy of the Late Jurassic dwarf sauropod Europasaurus holgeri (Dinosauria, Camarasauromorpha): Ontogenetic changes and size dimorphism". *Journal of Systematic Palaeontology*

52, Stokes, William J. (1945). "A new quarry for Jurassic dinosaurs". *Science*

53, Loewen, Mark A. (2003). "Morphology, taxonomy, and stratigraphy of *Allosaurus* from the Upper Jurassic Morrison Formation". *Journal of Vertebrate Paleontology*

54, Zheng, Xiaoting; Xu, Xing; You, Hailu; Zhao, Qi; Dong, Zhiming (2010). "A short-armed dromaeosaurid from the Jehol Group of China with implications for early dromaeosaurid evolution". *Proceedings of the Royal Society B*

55, Zhou, Z. (2006). "Evolutionary radiation of the Jehol Biota: chronological and ecological perspectives". *Geological Journal*

56, Xu, X.; Zhou, Z.-H.; Wang, X.-L.; Kuang, X.-W.; Zhang, F.-C.; Du, X.-K. (2003). "Four-winged dinosaurs from China". *Nature*

57, Nicholls, Elizabeth L.; Manabe, Makoto (2004). "Giant Ichthyosaurs of the Triassic—A New Species of Shonisaurus from the Pardonet Formation (Norian: Late Triassic) of British Columbia". *Journal of Vertebrate Paleontology*

58, Longrich, N.R. and Currie, P.J. (2009). "A microraptorine (Dinosauria–Dromaeosauridae) from the Late Cretaceous of North America." *Proceedings of the National Academy of Sciences*

59, H.-D. Sues, 1978, "A new small theropod dinosaur from the Judith River Formation (Campanian) of Alberta Canada", *Zoological Journal of the Linnean Society*

60, Carrano, M.T.; D'Emic, M.D. (2015). "Osteoderms of the titanosaur sauropod dinosaur *Alamosaurus sanjuanensis* Gilmore, 1922". *Journal of Vertebrate Paleontology*

61, Fowler, D. W.; Sullivan, R. M. (2011). "The First Giant Titanosaurian Sauropod from the Upper Cretaceous of North America". *Acta Palaeontologica Polonica*

62, Anderson, JF; Hall-Martin, AJ; Russell, Dale(1985). "Long bone circumference and weight in mammals, birds and dinosaurs". *Journal of Zoology*

63, Gasparini, Z. Martin, J. E., and Fernández M. 2003. "The elasmosaurid plesiosaur *Aristonectes* Cabrera from the latest Cretaceous of South America and Antarctica". *Journal of Vertebrate Palaeontology*

64, Carpenter, K. 1999. "Revision of North American elasmosaurs from the Cretaceous of the western interior".*Paludicola*

65, D'Emic, M.D. and B.Z. Foreman, B.Z. (2012). "The beginning of the sauropod dinosaur hiatus in North America: insights from the Lower Cretaceous Cloverly Formation of Wyoming." *Journal of Vertebrate Paleontology*

66, Fernández M. 2007. Redescription and phylogenetic position of *Caypullisaurus* (Ichthyosauria: Ophthalmosauridae). *Journal of Paleontology*

67, Currie, Philip J. (1995). "New information on the anatomy and relationships of *Dromaeosaurus albertensis* (Dinosauria: Theropoda)". *Journal of Vertebrate Paleontology*

68, Longrich, N.R.; Currie, P.J. (2009). "A microraptorine (Dinosauria–Dromaeosauridae) from the Late Cretaceous of North America". *PNAS*

69, Xu X., Clark, J.M., Forster, C. A., Norell, M.A., Erickson, G.M., Eberth, D.A., Jia, C., and Zhao, Q. (2006). "A basal tyrannosauroid dinosaur from the Late Jurassic of China". *Nature*

70, Martill, D. M.; Cruickshank, A. R. I.; Frey, E.; Small, P. G.; Clarke, M. (1996). "A new crested maniraptoran dinosaur from the Santana Formation (Lower Cretaceous) of Brazil". *Journal of the Geological Society*

71, Li,C., Rieppel, O.,LaBarbera, M.C. (2004) "A Triassic Aquatic Protorosaur with an Extremely Long Neck ", *Science*

72, Sander, P. M., and N. Klein (2005). "Developmental plasticity in the life history of a prosauropod dinosaur". *Science*

73, Dodson, P., Behrensmeyer, A.K., Bakker, R.T., and McIntosh, J.S. (1980). "Taphonomy and paleoecology of the dinosaur beds of the Jurassic Morrison Formation". *Paleobiology*

74, Bonnan, M. F. (2003). "The evolution of manus shape in sauropod dinosaurs: implications for functional morphology, forelimb orientation, and phylogeny" . *Journal of Vertebrate Paleontology*

75, Lü, J.-C.; Xu, L.; Zhang, X.-L.; Ji, Q.; Jia, S.-H.; Hu, W.-Y.; Zhang, J.-M.; Wu, Y.-H. (2007). "New dromaeosaurid dinosaur from the Late Cretaceous Qiupa Formation of Luanchuan area, western Henan, China". *Geological Bulletin of China*

76, Wang, X., Zhou, Z., Zhang, F., and Xu, X. (2002). "A nearly completely articulated rhamphorhynchoid pterosaur with exceptionally well-preserved wing membranes and 'hairs' from Inner Mongolia, northeast China." *Chinese Science Bulletin*

77, Peters, D. (2003). "The Chinese vampire and other overlooked pterosaur ptreasures." *Journal of Vertebrate Paleontology*

78, Wang, X., Kellner, A.W.A., Zhou, Z., and Campos, D.A. (2008). "Discovery of a rare arboreal forest-dwelling flying reptile (Pterosauria, Pterodactyloidea) from China." *Proceedings of the National Academy of Sciences*

79, Jouve, S. (2004). "Description of the skull of a Ctenochasma (Pterosauria) from the latest Jurassic of eastern France, with a taxonomic revision of European Tithonian Pterodactyloidea". *Journal of Vertebrate Paleontology*

80, Andres, B.; Clark, J.; Xu, X. (2014). "The Earliest Pterodactyloid and the Origin of the Group". *Current Biology*

81, Wang X.; Kellner, A. W. A.; Jiang S.; Meng X. (2009). "An unusual long-tailed pterosaur with elongated neck from western Liaoning of China". *Anais da Academia Brasileira de Ciências*

82, Meng, J., Hu, Y., Wang, Y., Wang, X., Li, C. (Dec 2006). "A Mesozoic gliding mammal from northeastern China". *Nature*

83, Leandro C. Gaetano and Guillermo W. Rougier (2011). "New materials of *Argentoconodon fariasorum* (Mammaliaformes, Triconodontidae) from the Jurassic of Argentina and its bearing on triconodont phylogeny". *Journal of Vertebrate Paleontology*

84, Zhe-Xi Luo (2007). "Transformation and diversification in early mammal evolution". *Nature*

85, Forster, Catherine A.; Sampson, Scott D.; Chiappe, Luis M. & Krause, David W. (1998a). "The Theropod Ancestry of Birds: New Evidence from the Late Cretaceous of Madagascar". *Science*

86, Turner, Alan H.; Pol, Diego; Clarke, Julia A.; Erickson, Gregory M.; and Norell, Mark (2007). "A basal dromaeosaurid and size evolution preceding avian flight" (PDF). *Science*

87, Andres, B.; Clark, J.; Xu, X. (2014). "The Earliest Pterodactyloid and the Origin of the Group". *Current Biology*

88, Dalla Vecchia, F.M. (2009). "Anatomy and systematics of the pterosaur *Carniadactylus* (gen. n.) *rosenfeldi* (Dalla Vecchia, 1995)." *Rivista Italiana de Paleontologia e Stratigrafia*

89, Ösi, Attila; Weishampel, David B.; Jianu, Coralia M. (2005). "First evidence of azhdarchid pterosaurs from the Late Cretaceous of Hungary" . *Acta Palaeontologica Polonica*

90, Norell, M.A.; Clark, J.M.; Turner, A.H.; Makovicky, P.J.; Barsbold, R.; Rowe, T. (2006). "A new dromaeosaurid theropod from Ukhaa Tolgod (Ömnögov, Mongolia)". *American Museum Novitates*

91, Aaron R.H. Leblanc, Michael W. Caldwell & Nathalie Bardet (2012). "A new mosasaurine from the Maastrichtian (Upper Cretaceous) phosphates of Morocco and its implications for mosasaurine systematics". *Journal of Vertebrate Paleontology*

92, Persson, P.O., 1960, "Lower Cretaceous Plesiosaurians (Reptilia) from Australia", *Lunds Universitets Arsskrift*

93, Coombs, Walter P. (December 1978). "Theoretical Aspects of Cursorial Adaptations in Dinosaurs". *The Quarterly Review of Biology*

94, Gianechini, F.A.; Apesteguía, S.; Makovicky, P.J (2009). "The unusual dentiton of *Buitreraptor* gonzalezorum (Theropoda: Dromaeosauridae), from Patagonia, Argentina: new insights on the unenlagine teeth". *Ameghiniana*

95, Hu, D.; Hou, L.; Zhang, L. & Xu, X. (2009), "A pre-*Archaeopteryx* troodontid theropod from China with long feathers on the metatarsus", *Nature*

96, Longrich, N.R., Sankey, J. and Tanke, D. (2010). "*Texacephale langstoni*, a new genus of pachycephalosaurid (Dinosauria: Ornithischia) from the upper Campanian Aguja Formation, southern Texas, USA." *Cretaceous Research*

97, Agnolin, F. L.; Ezcurra, M. D.; Pais, D. F.; Salisbury, S. W. (2010). "A reappraisal of the Cretaceous non-avian dinosaur faunas from Australia and New Zealand: Evidence for their Gondwanan affinities". *Journal of Systematic Palaeontology*

98, Elizabeth L. Nicholls, Chen Wei, Makoto Manabe , "New Material of *Qianichtyosaurus* Li, 1999 (Reptilia, Ichthyosauria) from the late Triassic of southern China, and Implications for the Distribution of Triassic Ichthyosaurs."

99, X. Wang, G. H. Bachmann, H. Hagdorn, P. M. Sanders, G. Cuny, X. Chen, C. Wang, L. Chen, L. Cheng, F. Meng, and G. Xu. 2008. The Late Triassic black shales of the Guanling area, Guizhou province, south-west China: a unique marine reptile and pelagic crinoid fossil lagerstätte. *Palaeontology*

110, Williston S. W. (1890b). "A New Plesiosaur from the Niobrara Cretaceous of Kansas". *Transactions of the Annual Meetings of the Kansas Academy of Scienc*

111, Williston S. W. (1906). "North American plesiosaurs: *Elasmosaurus,Cimoliasaurus,* and *Polycotylus*". *American Journal of Science Series*

112, Bonde, N.; Christiansen, P. (2003). "New dinosaurs from Denmark". *Comptes Rendus Palevol*

113, Lindgren, J.; Currie, P. J.; Rees, J.; Siverson, M.; Lindström, S.; Alwmark, C. (2008). "Theropod dinosaur teeth from the lowermost Cretaceous Rabekke Formation on Bornholm, Denmark". *Geobios*

114, Sereno, P.C.; Beck, A.L.; Dutheil, D.B.; Gado, B.; Larsson, H.C.E.; Lyon, G.H.; Marcot, J.D.; Rauhut, O.W.M.; Sadleir, R.W.; Sidor, C.A.; Varricchio, D.D.; Wilson, G.P; and Wilson, J.A. (1998). "A long-snouted predatory dinosaur from Africa and the evolution of spinosaurids". *Science*

115, Carballido, J.L.; Marpmann, J.S.; Schwarz-Wings, D.; Pabst, B. (2012). "New information on a juvenile sauropod specimen from the Morrison Formation and the reassessment of its systematic position". *Palaeontology*

116, Marsh, O.C. (1881). "Note on American pterodactyls." *American Journal of Science*

117, Urner, Alan H.; Pol, D., Clarke, J.A., Erickson, G.M. and Norell, M. (2007). "A basal dromaeosaurid and size evolution preceding avian flight". *Science*

118, Prum, R.; Brush, A.H. (2002). "The evolutionary origin and diversification of feathers". *The Quarterly Review of Biology*

119, Brochu, C.R. (2003). "Osteology of Tyrannosaurus rex: insights from a nearly complete skeleton and high-resolution computed tomographic analysis of the skull". *Society of Vertebrate Paleontology Memoirs*

120, Olshevsky, G., 2000, *An annotated checklist of dinosaur species by continent. Mesozoic Meanderings*

121, Ji, S., Ji, Q., Lu J., and Yuan, C. (2007). "A new giant compsognathid dinosaur with long filamentous integuments from Lower Cretaceous of Northeastern China." *Acta Geologica Sinica*

122, Zhao, X.; Li, D.; Han, G.; Zhao, H.; Liu, F.; Li, L. & Fang, X. (2007). "*Zuchengosaurus maximus* from Shandong Province". *Acta Geoscientia Sinica*

123 Xu, X., Wang, K., Zhao, X. & Li, D. (2010). "First ceratopsid dinosaur from China and its biogeographical implications". *Chinese Science Bulletin*

124, Fiorillo, A. R.; Tykoski, R. S. (2012). "A new Maastrichtian species of the centrosaurine ceratopsid *Pachyrhinosaurus* from the North Slope of Alaska". *Acta Palaeontologica Polonica*

参考书目：

1, Manyuan Long. Hongya Gu. Zhonghe Zhou. *Darwin's Heritage Today：Proceedings of the Darwin 200 Beijing International Con* . 2010. 高等教育出版社

2, Roy Chapman Andrews. On The Trail of Ancient Man. Published by G.P.Putnam's Sons. 1926. New York

3, David B. Weishampel. Peter Dodson. Halazka Osmolska. The Dinosauria. 2007. University of California Press

4, Li JingLing. Wu XiaoChun. Zhang FuCheng. *The Chinese Fossil Reptiles and Their Kin*. 2008. Science Press, BeiJing,

5, ManYuan Long. HongYa Gu. ZhongHe Zhou. Darwin's Heritage Today：Proceedings of The Darwin 200 Beijing International Con. 2010. Higher Education Press

6, Mee-Mann Chang. Pei-Ji Chen. Yuan-Qing Wang. Yuan Wang" The Jehol Fossils" The Emergence of Feathered Dinosaurs. Beaked Birds and Flowering Plants. 2008. Academic Press

7, Michale Foote, Arnold I.Miller,《古生物学原理》，2013，科学出版社

杨杨和赵闯的恐龙物语
（第一辑）

没有谁愿意孤独一生

下一站也许更美好

你相信有免费的晚餐吗？

战争没有胜利者

作者信息　About the author

与绘画作者交流　Contact the artist

E-Mail: zc@pnso.org

赵 闯

科学艺术家。
啄木鸟科学艺术小组创始人之一。

ZHAO Chuang
science artist
Zhao is one of the founders of PNSO.

如果你对本书中绘画作品感兴趣
可以微信扫描二维码与赵闯成为朋友

If you are interested in the paintings in the book
Scan the code to get in touch with ZHAO Chuang

　　2010 年，赵闯和科学童话作家杨杨共同发起的"重述地球"科学艺术研究与创作项目，计划以 20 年的时间完成第一阶段任务。目前，该项目中以赵闯担任主创的视觉作品多次发表在《自然》《科学》《细胞》等全球顶尖科学期刊上，并且与美国自然历史博物馆、芝加哥大学、中国科学院、北京大学、中国地质科学院等研究机构的数十位科学家长期合作，为他们正在进行的研究项目提供科学艺术支持。

　　2015 年，赵闯与科学童话作家杨杨以"重述地球"项目作品为核心内容，创办青少年科学艺术期刊《恐龙大王》和《我有一只霸王龙》。

In 2010, together with Science Fairy Tale Writer YANG Yang, ZHAO has initiated the science art research project *Restatement of the Earth*. The 1st phase of the project seeks to be accomplished in 20 years. Working as the lead artist, ZHAO Chuang's artworks have been published in the lead science magazines such as *Nature*, *Science* and *Cell*.

ZHAO Chuang is now collaborating with dozens of leading scientists from research institutions such as the American Museum of Natural History, Chicago University, China Academy of Science, China Academy of Geological Science and Beijing Natural History Museum; working on their paleontology research projects and providing artistic support in their fossil restoration works.

In 2015, base on the core content of the project Restatement of the Earth, ZHAO Chuang and YANG Yang have started the 2 science art magazines for young children and adolescents: *Dinosaur Stars and I Have a T-Rex.*

与文字作者交流　Contact the author

E-Mail: yy@pnso.org

杨 杨

科学童话作家。
啄木鸟科学艺术小组创始人之一。

YANG Yang
Science Fairy Tale Writer
YANG is one of the founders of PNSO.

如果你对本书中文字作品感兴趣
可以微信扫描二维码与杨杨成为朋友

If you are interested in the articles in the book
Scan the code to get in touch with YANG Yang

　　2010 年，杨杨和科学艺术家赵闯共同发起的"重述地球"科学艺术研究与创作项目，计划以 20 年的时间完成第一阶段任务。目前，该项目中以杨杨担任主创的文字作品已经结集完成数十部图书，其中超过 35 种作品荣获了国家级和省部级奖项，获得了"国家动漫精品工程""三个一百原创图书""面向青少年推荐的一百种优秀图书"等荣誉，也取得了"国家出版基金"等政策支持。

　　2015 年，杨杨和科学艺术家赵闯以"重述地球"项目作品为核心内容，创办青少年科学艺术期刊《恐龙大王》和《我有一只霸王龙》。

In 2010, together with science artist ZHAO Chuang, YANG Yang has initiated the science art research project *Restatement of the Earth*. The 1st phase of the project seeks to be accomplished in 20 years. Working as the lead editor and author, YANG Yang has completed dozens of books, supported and funded by the National Publication Foundation, 35 of which have been awarded the national and provincial prices. The awards include *the National Animation Epic Project Award, the 3x100 Award of Original Publications, the 100 Outstanding Books Recommendation for National Adolescents.*

In 2015, base on the core content of the project Restatement of the Earth, YANG Yang and ZHAO Chuang have started the 2 science art magazines for young children and adolescents: *Dinosaur Stars* and *I Have a T-Rex.*

相关信息　Publication information

与更多本书读者交流　Contact other readers

微信扫描二维码
关注本书会员期刊
《PNSO 恐龙大王》

Scan the Code in WeChat
to follow our official account:
PNSO Dinosaur Stars

本书内容来源　Source of the contents

Restatement of the Earth
重述地球

A Science Art Creative Programme by PNSO
来自啄木鸟科学艺术小组的创作

Project Darwin
nature science art project

注：近年来，人类在古生物学领域的研究日新月异，几乎每年都有多项重大成果发表，科学家不断地通过新的证据推翻过去的观点，考虑到科普图书的严肃性，本书所涉及的知识均为大多数科学家认可的主流观点。我们计划每两年对本书做一次修订，将本领域全球顶尖科学家最新的研究成果进行吸纳。

Acknowledgement:
The development and research results in the paleontological academic realm are rapidly updating in recent years, scientists are reviewing their past results base on newly found evidences. The contents in this popular science book are based on the main stream science publication, which were proved and acknowledged by majority of scientists. To ensure the quality and seriousness of the contents, we plan to constantly refer to the latest research results from global scientists in relative realms, and revise the contents biennially.

版权信息　Copyright

图书在版编目（C I P）数据

战争没有胜利者 / 杨杨 , 赵闯编著 . -- 长春：
吉林出版集团有限责任公司 , 2015.6
（杨杨和赵闯的恐龙物语）
ISBN 978-7-5534-7406-9

Ⅰ . ①没…Ⅱ . ①杨…②赵…Ⅲ . ①恐龙—青少年
读物Ⅳ . ① Q915.864-49

中国版本图书馆 CIP 数据核字 (2015) 第 093981 号

杨杨和赵闯的恐龙物语
战争没有胜利者（平装版）

文字作者：杨　杨
绘画作者：赵　闯
出 版 人：齐　郁
选题策划：齐　郁
责任编辑：陈松田
审　　读：王　非
法律顾问：赵亚臣

出　　版：吉林出版集团有限责任公司
发　　行：吉林出版集团青少年书刊发行有限公司
地　　址：吉林省长春市人民大街 4646 号
邮政编码：130021
电　　话：0431-86037607 ／ 86037637
印　　刷：北京盛通印刷股份有限公司（如有印制问题，请与印厂联系）
地　　址：北京市大兴区亦庄经济技术开发区经海三路 18 号
联 系 人：李鑫洋
联系电话：010-67887676
版　　次：2015 年 6 月第 1 版
印　　次：2015 年 6 月第 1 次印刷
开　　本：230mm×280mm　1/12
印　　张：8
字　　数：70 千字
书　　号：ISBN 978-7-5534-7406-9
定　　价：48.00 元　　　　　　　　　　版权所有 翻印必究

编辑制作：上海嘉麟杰益鸟文化传媒有限公司
北京地址：北京市朝阳区望京广泽路 2 号慧谷根园平和胡同 50 号
上海地址：上海市徐汇区漕溪北路 595 号上海电影广场 B 栋 16 楼
总 编 辑：赵雅婷／出版总监：雷蕾／文字编辑：张璐
视觉总监：沈康／美术编辑：叶秋英　刘小竹／标题书法：刘其龙
发行总监：三炳护／联系电话：010-64399123
展览总监：潘朝／邮箱：panzhao@yiniao.com

版权提供
All Rights Reserved by PNSO

版权代理
Copyright Agency

PNSO
啄木鸟科学艺术小组

益鸟科学艺术教育

Saichania

Olorotitan

Triceratops

Stygimoloch

Pachycephalosaurus

Microraptor

Mononykus

Nodosaurus

Sinosauropteryx

Tyrannosaurus

Tatisaurus

Protoceratops

Stegoceras

Dromaeosaurus

Stygimoloch

Tatisaurus

Triceratops

Stegoceras

Mononykus

Stegosaurus

Sinosauropteryx

Tyrannosaurus

Achelousaurus

Mamenchisaurus

Centrosaurus

Dromaeosaurus

Achelousaurus

Microraptor

Pachycephalosaurus

Wuerhosaurus

Huayangosaurus

Therizinosaurus

Tyrannosaurus

Triceratops

Centrosaurus

Spinosaurus

Wuerhosaurus

Sinosauropteryx

Tyrannosaurus

Szechuanosaurus

Tianyulong

gosaurus

Centrosaurus

Wuerhosaurus

Mamenchisaurus

iragaia

Microraptor

Dromaeosaurus

Spinosaurus

Huayangosaurus

Wuerhosaurus

Saichania

Centrosaurus

Tyrannosaurus

Stygimoloch

Szechuanosaurus

Olorotitan

Triceratops

Therizinosaurus

Tianyulong

Microraptor

Mononykus

Nodosaurus

Sinosauropteryx

Tyrannosaurus

Miragaia

Protoceratops

Stegoceras

Tatisaurus

Stegoceras

Dromaeosaurus

Stygimoloch

Tatisaurus

Mononykus